CÓMO EVITAR
EL FIN DEL MUNDO
(con la física)

CÓMO EVITAR
EL FIN DEL MUNDO
(con la física)

Todo lo que necesitas saber sobre el universo
antes de que sea demasiado tarde

Marc Mesa
Leo Olivares

Papel certificado por el Forest Stewardship Council®

MIXTO
Papel | Apoyando la
silvicultura responsable
FSC® C117695
www.fsc.org

Penguin
Random House
Grupo Editorial

Primera edición: marzo de 2026

© 2026, Marc Mesa y Leo Olivares
© 2026, Penguin Random House Grupo Editorial, S. A. U.
Travessera de Gràcia, 47-49. 08021 Barcelona

Printed in Spain – Impreso en España

ISBN: 978-84-666-8292-3
Depósito legal: B-1.206-2026

Compuesto en M. I. Maquetación, S. L.
Impreso en Black Print CPI Ibérica
Sant Andreu de la Barca (Barcelona)

BS 8 2 9 2 3

ÍNDICE

II

VIVIR FUERA DE LA TIERRA

III
¿Y SI NOS QUEDAMOS?

IV
ENTENDIENDO NUESTRO HOGAR:
LA FÍSICA COMO ARQUITECTA DE SOLUCIONES
A ESCALA PLANETARIA

V
EPÍLOGO:
UN NUEVO PACTO CON LAS LEYES DEL UNIVERSO

PRÓLOGO

Todo es profundamente absurdo. Ahora mismo te encuentras sobre la superficie de una roca gigante que flota a toda velocidad en medio de la nada, en el vacío más absoluto y silencioso, girando alrededor de una bola de fuego nuclear a la que no podemos ni acercarnos. Y, por si fuera poco, hay otra roca más pequeña, a casi cuatrocientos kilómetros de distancia, que ejerce una fuerza invisible sobre nosotros y que decide cuándo sube y baja el mar. Nada raro, ¿verdad?

Pero espera, que la cosa no acaba aquí, esto va a mejor. Sabemos que hay más estrellas flotando en el universo observable que granos de arena en todas las playas de la Tierra juntas. Sin embargo, hay menos átomos en todo el cosmos que posibles partidas de ajedrez, un juego que, creado por nosotros mismos, con unas pocas piezas en un tablero cuadriculado, contiene más combinaciones que la cantidad de materia existente. Y luego decimos que nos aburrimos.

La historia tampoco tiene demasiado sentido si la miramos de cerca. Por ejemplo: los templos egipcios ya estaban en pie antes de que hubiera árboles en muchas zonas del planeta.

Seres verdes que ahora asociamos al origen de la vida terrestre y que, por cierto, llevan aquí apenas cuatrocientos millones de años. Nada, un parpadeo en la escala cósmica. Cleopatra estaba más cerca en el tiempo de la invención del iPhone que de la construcción de las pirámides en Egipto. Y el *T-rex* jamás conoció al brontosaurio, porque entre ellos se interponen ochenta millones de años, casi lo mismo que nos separa a nosotros de los primeros mamíferos.

Y tu cuerpo... tu cuerpo es un festival de paradojas. La mayoría de las células que lo forman ahora mismo no existían hace diez años. Así que, si nos ponemos estrictos, tú no eres exactamente la misma persona que hace una década. Eres una versión renovada, reconstruida pieza a pieza como un barco al que se le cambian todas las tablas, pero que sigue navegando con el mismo nombre. Y todo ese mosaico de huesos, sangre y neuronas está compuesto por moléculas que te definen tal y como eres, que a su vez son átomos vacíos rodeados de electrones que cambian de comportamiento según los mires o no. Es decir, la naturaleza cambia cuando la observas.

Y, sin embargo, con todo esto pasando alrededor, un universo que parece una broma cósmica escrita por un guionista demasiado creativo, nos preocupamos por si alguien tarda un minuto o dos en contestar un mensaje. Porque, como es lógico, no hay opción que prevalezca por encima del honor en internet.

Lo fascinante es que este absurdo caos en el que todo lo que existe flota como en una piscina tiene reglas. Estas no entienden de moral ni de política, no se votan en parlamentos ni se cambian por decreto. Son las leyes de la física: neutras, impersonales, pero absolutamente determinantes. Y, aunque todo lo demás cambie (los imperios, las modas, las lenguas...), esas reglas permanecerán siempre igual. La gravedad no descansa porque sea domingo. La velocidad de la luz no se reduce en días festivos. La entropía no se suspende porque alguien firme un tratado internacional.

Por eso este libro empieza aquí, en este lugar incómodo, entre lo absurdo y lo asombroso. Porque comprender que estamos en una roca flotando alrededor de una estrella no debería tranquilizarnos..., debería llenarnos de preguntas. ¿Cómo llegamos aquí? ¿Qué mantiene todo esto en pie? ¿Hasta dónde podemos forzar el sistema antes de que se rompa?

Si nos imaginamos la historia del universo como un libro de millones de páginas, donde la primera de ellas describe el Big Bang, nosotros seríamos los protagonistas de una nota al pie en la última página. Y, aun así, tenemos la osadía de comportarnos como si la trama principal dependiera de nosotros.

En el fondo, lo que este prólogo quiere decirte es sencillo: la normalidad es una ilusión. Que el mar suba y baje cada día, que los pulmones se llenen de aire, que la pantalla se ilumine cuando pulsas un botón..., nada de eso es «normal». Todo es el resultado de un equilibrio precario entre fuerzas, flujos de energía y procesos que llevan funcionando miles de millones de años. Lo raro no es que el universo exista; lo raro es que en medio de todo ese caos haya un planeta donde la química se organizó lo suficiente como para inventar TikTok.

Y aquí entramos nosotros. En este libro no hablaremos de salvar ballenas ni de plantar árboles, aunque ambas cosas tengan su valor. Vamos a hablar de física, de energía, de materia, de límites. De por qué el mundo funciona como lo hace, y de qué pasa cuando intentamos ignorar las reglas. Indagaremos en la pecera invisible e infinita en la que nadamos, y en qué ocurre cuando un pez se cree más listo que el agua que lo sostiene.

Porque lo que de verdad importa no es si el futuro será optimista o pesimista, sino si será físicamente posible. No importa lo mucho que soñemos con coches voladores o colonias en Marte, ninguna de esas visiones sobrevivirá si no encaja con las leyes que gobiernan el universo. Y ahí está la clave: entender esas leyes no solo nos permite anticipar lo que puede salir mal, también nos muestra caminos que no habíamos visto.

Así que te propongo algo: lee este libro como si fuera un manual oculto del universo. Uno que no está escrito con moralejas, sino con vatios, julios, electrones y masas. No prometo respuestas fáciles ni soluciones mágicas, pero sí la oportunidad de mirar el tablero real en el que jugamos. Y créeme, cuando ves la partida completa, preocuparse por la velocidad con la que contestan un mensaje parece todavía más absurdo.

Bienvenido y ponte cómodo. El viaje empieza en un lugar muy raro: justo aquí, en esta roca que gira alrededor de una bola de fuego.

INTRODUCCIÓN

1. DÓNDE NOS ENCONTRAMOS

1.1. ¿Qué nos está pasando?

Desde el espacio, la Tierra es un punto azul pálido suspendido en la inmensidad del universo. Pero para nosotros es mucho más que esto, es un planeta excepcional: una esfera viva cubierta en su mayoría por agua, con una atmósfera que ha permitido que, con el paso del tiempo, se forme la vida tal y como la conocemos. Su delgada capa de gases protege a los seres vivos de la radiación solar y regula la temperatura, haciendo de este planeta azul un oasis en medio de un desierto hostil, un refugio dentro de un universo frío y ajeno, un invernadero improbable, como una burbuja de vida que flota en el vacío, frágil pero milagrosamente estable.

Y, sin embargo, estamos en un momento de inflexión. Como ese instante en que un montón de arena recibe su último grano y colapsa, o cuando una varilla de metal se dobla de repente tras soportar una tensión constante. Podemos verlo en algo tan cotidiano como un accidente doméstico: si lanzamos un plato contra el suelo, cada trozo salta aleatoriamente creando caos. Pero, si los ordenamos, vemos un patrón claro, y es que siempre hay muy pocos fragmentos grandes y muchísimos pequeños. Es la misma proporción que rige el espacio, con millones de asteroides enanos y solo unos pocos enormes, porque cuando algo se rompe no lo hace al azar, sino que depende de su geometría; desde un planeta hasta ese plato de porcelana. Es el recordatorio de que, según la física, en todo desorden aparente siempre hay una organización profunda, todos los sistemas funcionan así, y nuestra civilización ha llegado a su punto de inflexión.

A simple vista, la Tierra parece un sistema perfecto con un equilibrio entre agua, tierra, aire y vida. Pero bajo la superficie de esta aparente estabilidad, hay tensiones invisibles que amenazan con deshacer el delicado hilo que nos mantiene en pie. Cuando el ser humano decidió ser la única especie que modificara a gran escala su entorno e interviniese en los ecosistemas para su interés y supervivencia, se inició un desequilibrio en los ciclos naturales que han permitido la existencia de la civilización y todas las especies que, a su vez, habitan el planeta.

La Tierra ha soportado extinciones masivas, cambios climáticos drásticos y erupciones volcánicas catastróficas. Sin embargo, en los últimos siglos, nuestro hogar en el universo se está dando cuenta de que todo lo anterior era un mero chiste. En los últimos siglos, una nueva fuerza ha alterado su curso con una rapidez que no tiene pausa ni frenos: el ser humano. Nuestra civilización, impulsada por la ciencia y la tecnología, ha convertido lo imposible en cotidiano, pero también ha desencadenado una serie de crisis que nos empujan al límite.

Hemos despertado en una era donde somos tanto la causa como la posible solución. Nuestro dominio sobre la naturaleza nos ha llevado a alterar sistemas que tardaron millones de años en equilibrarse, y lo hemos hecho en apenas unos siglos. Pero en esos mismos humanos que han creado las ciudades, las máquinas y la energía, también está la capacidad de entender las leyes fundamentales que rigen el universo, las normas de juego. Como un jugador que, tras romper el tablero sin comprender sus reglas, por fin se da cuenta de que puede leer el manual y aprender a reconstruirlo antes de que se extinga la partida. Con lo cual, si la física nos ayudó a construir este mundo, tal vez pueda ayudarnos a salvarlo.

El tiempo corre, y el margen de error se estrecha cada vez más. Lo que nos acontece no es solo una crisis de equilibrio planetario, es un desafío existencial. El fin del mundo, como lo conocemos, ya ha comenzado. Pero aún no es inevitable.

1.2. Cómo la ciencia transforma lo imposible en cotidiano

Durante siglos, la humanidad miró al cielo sin comprenderlo. Las estrellas eran misterios, los rayos se consideraban castigos divinos y el fuego un regalo de los dioses. En algún momento, alguien dejó de aceptar el trueno como una sanción y empezó a pensar en la electricidad. Alguien más midió la sombra de un palo y descubrió la curvatura de la Tierra. A otro le cayó una manzana de un árbol y se preguntó si esas mismas fuerzas eran las que movían las luces que aclaraban el cielo nocturno. Lo que alguna vez se consideró magia hoy lo explicamos con ecuaciones. Lo que nos parecía imposible simplemente esperaba ser comprendido.

La ciencia, y en particular la física, no es solo un conjunto de fórmulas complejas o laboratorios con tubos de ensayo, sino una forma de mirar el mundo. Ha sido la linterna que nos ha permitido ver más allá de lo visible y evidente, se trata del lenguaje con el que el universo escribe sus reglas y que hemos descifrado poco a poco. Con ella, hemos aprendido a convertir la intuición en medición, la curiosidad en tecnología y las ideas en progreso. Gracias a ella, volar dejó de ser un sueño inalcanzable, iluminar la noche se volvió rutina y explorar otros planetas ha pasado de ser ficción a estar en nuestros planes y sobre la mesa en diseño de ingeniería. Donde antes había oscuridad, ahora hay datos.

Volar fue durante milenios un deseo mítico. Hoy, gracias a los principios de la aerodinámica, los motores de reacción y los avances en ingeniería de materiales, es tan común que nos quejamos por el tamaño del asiento en turista o porque entre dos sitios haya un solo respaldo...

Hablar con alguien al otro lado del planeta parecía un acto de telepatía o reservado a los dioses. Hoy, gracias a la fibra óptica, los satélites de comunicaciones e internet, lo hacemos por WhatsApp desde el baño y nos quejamos si hay poca señal.

Explorar otros mundos era una fantasía literaria. Hoy, gracias a la propulsión de cohetes, la IA autónoma y la telemetría láser, hay robots en Marte que envían selfis mejor que muchos influencers.

Todo esto que era imposible ayer hoy es cotidiano. Y no precisamente por arte de magia, sino porque hubo quien se preguntó «¿Qué pasaría si...?» y se atrevió a buscar la respuesta con un método, persistencia y física.

La ciencia es nuestra alquimia, pero una que funciona. Ha convertido lo invisible en visible: desde ondas de radio y campos magnéticos hasta partículas subatómicas. Nos ha dado visión de rayos X, oído ultrasónico y precisión atómica, lo que ha transformado por completo nuestra relación con el mundo.

- Los satélites que nos permiten predecir tormentas o mapear incendios forestales funcionan porque entendemos la gravitación, las órbitas y la propagación de ondas electromagnéticas.
- La energía nuclear, con todo su potencial y rendimiento, surge de intentar comprender cómo se mantiene la materia.
- La luz led, presente en cada pantalla, es el resultado directo de entender cómo se comportan los electrones en materiales semiconductores.

Y gracias a todo esto, hemos llegado a un nivel de confort inimaginable para cualquier ser humano de cualquier otra página del libro. Podemos regular la temperatura de nuestras casas con una app desde otro continente, almacenar miles de libros en un objeto más pequeño que un cuaderno, reemplazar órganos, conectar cerebros a máquinas, imprimir tejidos vivos. Vivimos más tiempo, sufrimos menos y tenemos mayores conocimientos. Y, aun así, estamos al borde del colapso.

Y si todo esto se logró solo en el último siglo, ¿qué más podríamos hacer si aplicamos ese mismo conocimiento a los problemas más urgentes de nuestra era?

Lo paradójico es que la misma ciencia que nos ha traído al punto más alto de confort y control sobre la naturaleza, también es la que ahora nos puede ayudar a reparar lo que rompimos. Estamos ante un punto de inflexión. La tecnología ha multiplicado nuestras capacidades, pero también nuestros errores. Hemos modificado el planeta sin leer el manual de instrucciones, que está escrito con ecuaciones físicas.

Pero aún estamos a tiempo, porque la física no solo nos dice cómo funciona el mundo, sino que también nos ofrece pistas sobre cómo podríamos hacerlo funcionar mejor.

¿Y si esa misma herramienta pudiera sacarnos del abismo al que nos dirigimos?

1.3. Consumo y agotamiento de recursos

Todos los mamíferos del planeta, sin excepción, desarrollan por instinto un cierto equilibrio con el entorno que los rodea. El depredador de la manada caza lo suficiente para alimentarse, pero no más. El rebaño se mueve si escasea el agua, pero nunca arrasa con todo a su paso. Existe un ritmo, una lógica biológica. El ecosistema se regula por sí solo.

Piensa, por ejemplo, en la pecera infinita de la que hablábamos en el prólogo. Para el pez, el cristal es el límite absoluto de su universo. El agua de la pecera se filtra, las algas crecen a un ritmo que compensa lo que otros peces consumen, los desechos se descomponen y la luz llega en un patrón perfecto. La pecera es, en esencia, un sistema físico en equilibrio, que se sostiene por sí sola como un universo en miniatura que se autorregula, donde cada entrada y salida de materia y energía se compensa. El pez no necesita hacer nada; solo existir, moverse y alimentarse de lo que el sistema le ofrece sin alterar su equilibrio.

Figura 1. Pez dorado.

Pero hablemos de un pez distinto. En lugar de morder las algas con cierto control para que vuelvan a crecer, las arranca de raíz. No solo come lo necesario, sino que lo devora todo hasta dejar el fondo estéril. Ensucia el agua más rápido de lo que se limpia, interrumpiendo el ciclo de nutrientes sin dar tiempo a que la química del agua pueda regenerarlos. Rompe los corales por capricho y, mientras las paredes siguen expandiéndose (como el universo indiferente), el pez ignora que la pecera no es infinita para él, que tiene un límite físico en su capacidad de renovar materia y disipar energía.

Los otros peces, los que llegaron antes, jamás entendieron por qué este nuevo habitante confundió habitar con devorar.

El problema no es que la pecera se quede sin agua, sino que el pez la envenena más rápido de lo que esta es capaz de reponerla, rompiendo el balance energético y material que sostiene el sistema.

Cualquier pez en la Tierra sabe moverse, alimentarse y cuándo detenerse. Conoce instintivamente que su supervivencia depende de ese equilibrio invisible que jamás rompería...

Todos los animales son conscientes de esto, todos excepto nosotros.

La especie humana hace algo distinto. Se establece en un lugar y se multiplica sin fin. Consume la madera de los bosques, la tierra del suelo, el agua de los ríos, los minerales de las montañas, todo. Cuando los recursos se han agotado, no se detiene, sino que se desplaza y vuelve a empezar. A veces a esto se le llama civilización. Pero si uno lo mira con suficiente distancia, se parece mucho más al comportamiento de un virus o una plaga. Y no es una metáfora.

Cada día, enviamos más de cien millones de toneladas de dióxido de carbono (CO_2) a la atmósfera. Es como si la Tierra, en lugar de respirar aire puro, fumara en masa, como si expulsara una cantidad equivalente a más de doscientos setenta Empire State Buildings en gas invisible las veinticuatro horas.

Ahora mismo, mientras lees esto, hay unos diecisiete mil aviones sobrevolando al mismo tiempo nuestras cabezas. No es una exageración. Puedes verlo en tiempo real desde cualquier radar online. Cada motor a reacción quema unos tres litros de combustible por segundo; en lo que tardas en leer esta frase, un solo avión de metal a 900 kilómetros por hora habrá consumido lo mismo que llenar el depósito de un coche familiar, quemando queroseno y dejando estelas invisibles de gases en un cielo que, aunque parezca limpio, está saturado.

¿Y todo para qué? ¿Supervivencia? No siempre. Puede ser un ejecutivo que cruza medio planeta para firmar un contrato que podría cerrarse con 500 kilobytes de datos en una videollamada. O un turista que recorre 8.000 kilómetros para observar un atardecer en un lugar que, paradójicamente, empieza a perder su belleza justo por la cantidad de gente que lo visita. O un carguero que transporta aguacates, mangos o flores cortadas hacia el otro hemisferio a kilómetros de donde crecieron; solo para que estén disponibles en un supermercado durante dos semanas al año (ya que el coste energético del transporte todavía resulta más barato que producirlos localmente). O un crucero de lujo cuya demanda de potencia energética iguala la de una ciudad pequeña y que quema miles de litros de combustible pesado al día para que sus pasajeros disfruten de una piscina climatizada a cuarenta grados en medio del Ártico.

Cada año talamos más de quince mil millones de árboles. Muchos de ellos para producir cosas que usamos durante unos minutos. Una servilleta, una caja, una hoja de papel o el libro que tienes entre las manos.

Este libro, aunque fue escrito con la intención de invitarte a reflexionar y que juntos busquemos soluciones con ayuda de la física, forma parte del mismo sistema de consumo. Alguien extrajo metales y plásticos de minas y refinerías para fabricar la maquinaria que consumió energía eléctrica, calor, agua y la tinta que imprimió estas páginas. Todo está conectado. Todo se está consumiendo. Hasta lo que parece más inocente.

La paradoja es brutal; para contarte que estamos agotando los recursos, necesitamos tirar de ellos un poco más. La física describe que cada proceso de transformación de materia y energía tiene un coste mínimo inevitable y que, a gran escala, esos costes se suman.

Cada segundo que pasa, se usan más de ciento cincuenta mil bolsas de plástico en el mundo. Cada minuto, se compran alrededor de un millón de botellas de plástico. La mayoría terminarán fragmentadas en microplásticos, dispersas por corrientes oceánicas en los mismos océanos que regulan el clima y generan el oxígeno que respiras. En 2050, si seguimos por este camino, habrá más plásticos que peces en el mar. No es solo un problema de residuos, es un flujo constante de materia que entra en el sistema, pero que no sale de la misma forma y se acumula donde no debería.

Y no es solo plástico. Es todo: hierro, litio, cobre, silicio, petróleo, agua potable... Todos ellos son reservas físicas finitas en la corteza o atmósfera terrestre. Su extracción implica energía, y su concentración natural es cada vez menor, lo que significa que cada tonelada extraída cuesta más energía que la anterior. Cada dispositivo que usamos, cada prenda que vestimos, cada alimento que comemos tiene detrás un coste físico. Nada aparece por arte de magia. Todo se extrae, se transporta, se transforma... y luego se dispersa, aumentando la entropía del sistema.

Lo más aterrador es esto: no es que «estemos destruyendo el planeta» (este saldrá adelante), sino que estamos degradando rápidamente el flujo y la calidad de la materia y la energía de la que depende nuestra civilización. Y las leyes de la física no admiten excepciones: si extraes más rápido de lo que repones y dispersas más de lo que concentras, el sistema colapsa.

En números reales, nuestra situación actual se resume así:

- Cada año extraemos más de cien mil millones de toneladas de materiales de la corteza terrestre. El equivalente a vaciar por completo el monte Everest desde su base geológica, es decir, sus raíces, dos veces.
- La concentración media de cobre en las minas actuales es ya un 85 % menor que hace un siglo, lo que significa

que hoy necesitamos hasta cinco veces más energía para obtener la misma cantidad.

- El Sol entrega a la Tierra unos 173.000 teravatios de energía cada segundo. Parece infinita, pero la mayor parte se dispersa sin ser aprovechada, pues solo capturamos menos del 0,01 % de ese flujo.

La física es clara: si queremos seguir jugando, no basta con extraer; tenemos que aprender a redirigir y cerrar esos flujos de materia y energía antes de que la partida termine.

2. ESTO ES LO QUE PASARÁ SI NO HACEMOS NADA

En física, hay experimentos cuyos resultados son tan seguros que nadie los pondría en duda. Si sueltas una bola de metal desde una torre a 100 metros del suelo, caerá con una aceleración de 9,81 metros por segundo al cuadrado y frenará por la resistencia del aire hasta llegar a la superficie de la Tierra, siempre. Puedes repetir el experimento cien veces, mil veces, y el desenlace no cambia. No sabemos si mañana lloverá con total seguridad, si ganará cierto equipo de fútbol o si una empresa quebrará, pero sí que una piedra en caída libre no se quedará flotando en el aire a mitad de camino. La predicción es absoluta, porque las leyes que gobiernan el movimiento no admiten excepciones.

En nuestro caso, la situación de nuestra civilización no resulta idéntica, pero se parece. Es como una pelota lanzada hacia arriba, volverá inevitablemente al suelo en una parábola, y aunque podamos hacer los cálculos pertinentes, en la vida real, nunca podemos saber con exactitud milimétrica dónde y en qué milisegundo exacto impactará, ya que habría que tener en cuenta infinidad de variables y factores impredecibles. El futuro exacto no se puede calcular con decimales, pero sí podemos conocer el rango de desenlaces posibles. También sabemos que mantener ciertos ritmos de consumo y extracción nos llevará a consecuencias que no son cuestión de ideología, sino de física. Veamos algunas de ellas:

2.1. Saturación del sistema

Imagina una olla a presión. Mientras se calienta, el vapor aumenta poco a poco en su interior. Al principio nada ocurre, parece estable, inmutable. Pero entonces, llega un punto crítico en el que, si no se libera energía por la válvula, la presión interna se multiplica en segundos. Y en ese momento hay dos opciones: o el sistema libera esa energía de manera controlada..., o explota.

La Tierra no va a «estallar», pero el paralelismo ayuda. Estamos acumulando presión en el circuito de materia y energía del planeta que puede liberarse en forma de sequías prolongadas, crisis de materias primas o fallos en las cadenas tecnológicas globales. No es un castigo, es simplemente la báscula física respondiendo al exceso.

2.2. Agotamiento silencioso

No todos los finales de un sistema son espectaculares. Muchos ocurren tras un goteo lento, casi invisible. Piensa en la batería de un móvil. Al principio, te dura días, pero con el tiempo, horas y después apenas aguanta unas llamadas. La capacidad se degrada poco a poco hasta que un día ya no se enciende o se bloquea la pantalla y deja de ser táctil. No hay una explosión ni caos, solo un agotamiento progresivo.

Aplicado a nuestra civilización, ese agotamiento podría verse como un aumento de los costes energéticos, con ciudades más caras de mantener, servicios públicos que colapsan porque la infraestructura exige más de lo que puede ofrecerse... No sería el fin del mundo de un día para otro, solo la erosión lenta de lo que hoy damos por sentado.

2.3. Cambio de fase

En física, muchas transformaciones ocurren de golpe cuando se alcanza un umbral. El agua líquida parece estable, pero basta añadir unas décimas de grado para que se den las condiciones óptimas de temperatura y presión, empiece a hervir y se convierta en gas. El cambio no es gradual, sino abrupto: una transición de fase.

La sociedad también puede entrar en transiciones de fase. De repente, un recurso que parecía abundante deja de estar disponible. Una tecnología clave que empezó siendo revolucionaria ya no es sostenible. O una variable energética (como las energías renovables) alcanza el límite de eficiencia. Esos saltos abruptos son más difíciles de predecir en su fecha exacta, pero sabemos que existen y que ocurren cuando se cruzan ciertos umbrales.

2.4. Adaptación inteligente

No todos los escenarios tienen que acabar en colapso o agotamiento, pero sí que es cierto que conllevan nuestra actuación. Un sistema forzado a salir de su estado de equilibrio puede buscar uno nuevo. Un péndulo que se desvía oscila, pero termina encontrando una nueva posición de estabilidad con el paso del tiempo.

Si aplicamos esto a nuestra situación, existe la posibilidad de una reorganización. De repente, encontramos nuevos modelos de producir, de almacenar y consumir energía y materiales que reduzcan la presión sobre los límites actuales. No porque lo diga un político o una ideología, sino porque las leyes de la física obligan a buscar eficiencia, y esta se convierte en la única vía para sostener el juego.

Algo fundamental de la física es que **ningún proceso puede sostener un ritmo infinito en un sistema cerrado**. Para que se entienda mejor: los recursos y materiales de los que disponemos los humanos en la Tierra, así como los peces en una pecera, no aparecen o desaparecen por arte de magia. Dentro de esta, todo lo que hacen depende de recursos limitados y de la energía que hay dentro, fruto de su creación hace millones de años, de la fuerza de la gravedad al unir átomos en cúmulos de elementos en grandes nebulosas y directamente de la energía originada del Big Bang.

El agua que está dentro de tu vaso ahora ha estado en el interior de un dinosaurio. Todos los elementos en la Tierra, como el agua, no desaparecen, no huyen hacia el espacio.

Y tampoco los creamos. En este caso en particular, el agua pasa una y otra vez de los océanos a las nubes, de estas a la lluvia, de ríos a torrentes sanguíneos, a vejigas, a inodoros. Así que el agua que bebes ha tenido más vida que esa. Quizá una vez salió como vapor de un volcán, luego se enfrió en un glaciar, tal vez goteó en una cueva durante diez mil años para acabar en la boca de un mamut. O quizá estuvo en la copa dorada de un emperador romano o incluso pasó por el baño de Napoleón. De cualquier modo, ha estado por todas partes. Y es que cada gota de agua en la Tierra es parte de lo que los científicos llaman un sistema cerrado, lo que significa que bebemos la misma agua que nuestro planeta tenía hace miles de millones de años. Ese mismo H_2O ha visto más de lo que jamás veremos nosotros como especie. Ha caído como lluvia sobre las pirámides, se ha congelado en los polos, ha girado dentro de huracanes y ha sido absorbida por raíces de árboles de selvas tropicales hasta escalar sus troncos. Ha pasado por dinosaurios, emperadores, rebeldes y santos. Y ahora está dentro de ti. Así que la próxima vez que bebas, recuerda, no solo te estás hidratando, estás consumiendo la memoria de la Tierra.

Basta con mirar hacia arriba. En la Estación Espacial Internacional (ISS, por sus siglas en ingles), a más de cuatrocientos kilómetros sobre nuestras cabezas, hay astronautas que viven dentro de una lata de metal presurizada que flota a 28.000 kilómetros por hora. No hay camiones de basura ni cisternas de agua, así que no queda otra que reciclar. El oxígeno se obtiene del propio dióxido de carbono que exhalan los astronautas, y el agua..., bueno, esta también se reutiliza. Así que, técnicamente, se beben su propio pis. Cada gota de sudor, cada lágrima y cada exhalación de vapor se recoge, se filtra, se purifica y vuelve a llenar una botella. Es química, pero también supervivencia pura. De este modo, el sistema se mantiene vivo porque nada se desperdicia.

La ISS, en realidad, es una versión miniaturizada de la Tierra. Si se estropea el filtro, si se pierde presión o si falla un panel solar, todo el ecosistema entra en riesgo. Así que, en verdad, nosotros hacemos lo mismo pero a gran escala: vivimos dentro de una estación planetaria que orbita una estrella, en una galaxia que forma parte de un universo que también es un sistema cerrado. Cada uno contiene al otro, como muñecas rusas cósmicas. Nada se pierde, nada entra, nada sale. Solo cambia de forma.

Y ahí está la advertencia: si extraes, consumes o transformas demasiado rápido, llegará un punto en que no habrá suficiente para seguir haciéndolo. Los peces en la pecera cerrada no pueden crecer y reproducirse de forma infinita porque el agua, el oxígeno y las algas son limitados. Si lo intentan, el sistema colapsa.

Podemos discutir plazos, debatir qué variable se saturará antes, pero no escapar del hecho de que estamos obligados a encontrar un nuevo equilibrio.

Lo interesante es que, a diferencia de la bola que cae o de la batería que se va descargando, la humanidad tiene un grado de libertad extra: la capacidad de observar, calcular y decidir antes de que las cosas ocurran. Podemos ver los límites antes de darnos de bruces contra ellos.

En este libro hablaremos de los límites: los de los recursos que usamos cada día y gastas entre página y página de este libro, los del cuerpo humano, los del planeta Tierra como sistema y, más allá de este, los cósmicos que definen el universo en el que existimos. Comprender dónde están esos bordes invisibles (desde la termodinámica que gobierna una célula hasta las leyes que describen el destino de las estrellas) es la clave para entender hacia dónde nos dirigimos y qué opciones reales tenemos para decidir el camino.

3. ¿POR QUÉ MIRAR HACIA EL FUTURO DESDE LA FÍSICA?

Cuando decimos «mirar al futuro desde la física», lo que realmente queremos expresar es que el universo funciona con un conjunto limitado de reglas, y que cualquier intento de predecir o diseñar lo que vendrá debe partir de ahí. No se trata de ideología ni de moral, **son leyes que ya existían antes de que los humanos apareciéramos y que seguirán aquí cuando nos vayamos**. Porque son el manual de instrucciones que permite a los peces navegar por la pecera infinita, lo que los obliga a surcar en modo supervivencia y les impide activar el modo creativo.

Imagina que el mundo es una máquina extraordinariamente compleja. Tú puedes observar lo que hace y tratar de adivinar cómo funciona, o puedes tener el manual de instrucciones y leerlo. La física es ese manual.

Si el universo fuera un banco de energía, solo tendría una regla clara e inquebrantable: nada se crea y nada se destruye, solo se transforma. Esa es la primera ley de la termodinámica. Cada vez que enciendes la luz, cargas el móvil o arrancas el coche, estás moviendo energía que ya estaba ahí, solo que cambia de forma. Es como pagar con una moneda que nunca desaparece, pero que se gasta igual. No hay energía gratis.

Y luego está la segunda ley, la de la entropía, que dice que cada vez que usamos esa energía, una parte se «desordena» y ya no sirve para lo mismo. Piensa en lo que sientes al exprimir un limón, por mucho que intentes volver a juntar el jugo con la pulpa, nunca conseguirás devolverla a la fruta inicial. Asimismo, la energía se dispersa, normalmente se convierte en calor que se escapa, como un susurro que se pierde en el aire. Tu portátil convierte electricidad en palabras, en cálculos, en películas..., pero también en un calor que caldea la habitación en la que te encuentras. Y este no vuelve a ser electricidad, ni regresa al sistema operativo del ordenador para llenar el icono de la batería. Es un viaje sin billete de vuelta.

Podemos convencer a un político de cambiar una ley humana, diseñar un motor más eficiente e incluso cambiar la trayectoria de un asteroide. Pero no podemos, bajo ningún concepto, persuadir a la segunda ley de la termodinámica para que haga una excepción con nosotros. Ella no negocia, como tampoco lo hacen el resto de las leyes de la física. Y eso marca límites claros para cualquier proyecto humano.

El motor de un avión transforma la energía química del combustible en energía cinética (movimiento, velocidad) y calor. Tu cuerpo hace lo mismo cuando metaboliza los alimentos: toma energía química de lo que comes o bebes y la convierte en trabajo (músculo, pensamiento) y calor. Una planta capta energía luminosa del sol y la transforma en energía química a través de la fotosíntesis. Es decir, hace justo lo contrario que nosotros, compensando el sistema. Y una estrella fusiona núcleos atómicos liberando cantidades descomunales de energía térmica (calor) y radiación.

La escala, los materiales y las condiciones cambian, pero siguen exactamente las mismas reglas.

Esto es uno de los aspectos más hermosos y a la vez más duros de la física. Un reactor nuclear, un volcán o una lámpara de escritorio se comportan de acuerdo con las mismas leyes que rigen el núcleo del Sol. Desde un motor de un avión hasta una estrella de neutrones, todo está entre las paredes de una misma pecera.

Entender esas reglas permite aplicar idéntica lógica a cualquier problema: desde el diseño de una nave espacial, pasando por la producción de alimentos y la climatización de un rascacielos en medio del desierto hasta el transporte transoceánico de aguacates en cargueros.

Mirar el mundo desde la física es pensar en magnitudes reales. No es decir «usamos mucho petróleo», sino:

- Cada barril de petróleo contiene 159 litros de este, el cual abarca alrededor de 6,12 gigajulios de energía química.
- La humanidad quema más de noventa millones de barriles cada día.
- Esa energía equivale a que cada segundo encendemos unos doscientos mil millones de bombillas de 60 vatios al mismo tiempo.

No es decir «los coches contaminan mucho», sino:

- Un motor de combustión típico pierde como calor alrededor del 70-80 % de la energía del combustible que consume.
- Eso significa que de cada litro de gasolina que pones en tu coche, solo una fracción impulsa las ruedas, el resto calienta el aire y las piezas.

Cuando empiezas a pensar así, dándole explicación a todo lo que nos rodea, las preguntas cambian: ¿de dónde sale realmente la energía que usamos? ¿Cuánta se pierde por el camino? ¿A dónde van los escombros invisibles de todo lo que consumimos? Y, sobre todo... ¿qué pasa cuando chocamos contra el muro de que la demanda supera ese ritmo?

«La tecnología nos salvará» es algo que suena bonito y optimista... Es cierto que esta es poderosa, pero tampoco deja de ser física aplicada y, por tanto, está limitada por las leyes que esta impone.

Podemos mejorar un panel solar para que capture más energía, pero nunca podrá captar más del cien por cien de la luz que recibe del Sol. Podemos diseñar baterías más ligeras, pero no podrán almacenar más energía por kilogramo que lo que permite la química de los materiales que las componen. Podemos hacer aviones más eficientes, pero no podremos escapar de la realidad de que mover masa a través del aire requiere energía, y que esta tiene que salir de algún lado.

Distinguir lo que en teoría es posible de lo físicamente posible es clave. La historia está llena de ideas geniales que murieron al toparse con un límite físico: motores que no podían superar cierta eficiencia, inventos que requerían más energía de la que podían generar, materiales imposibles de fabricar a escala...

Pero ¿para qué?

Lo que sabemos sobre cómo funciona el Sol nos ayuda a diseñar plantas de energía nuclear con reactores que imitan, a pequeña escala, su proceso de generación de energía. Lo que entendemos sobre el flujo de calor en el manto terrestre nos permite hacer los cálculos de la energía geotérmica disponible para calentar ciudades enteras. El estudio de los patrones de fluidos en la atmósfera de Júpiter nos da pistas para predecir si la semana que viene habrá tormentas en la Tierra.

La física no tiene fronteras, lo que aprendemos en el laboratorio sirve para comprender galaxias, y lo que aprendemos al observar estas puede mejorar cómo gestionamos los recursos de nuestro planeta.

La física no opina, no se inclina hacia algo, es una brújula que no falla. Un litro de agua hierve a 100 °C a nivel del mar, siempre. La velocidad de la luz en el vacío es de 299.792.458 metros por segundo sin falta. La gravedad en la superficie de la Tierra es siempre de unos 9,81 metros por segundo al cuadrado.

Eso la convierte en la brújula más fiable para mirar al futuro. Si queremos diseñar un mundo que funcione, tenemos que partir de esas reglas y trabajar con ellas, no en su contra. Porque no importa cuánto nos esforcemos: ninguna idea, por brillante que parezca, puede romper las leyes de la física.

Y teniendo en cuenta estas leyes que gobiernan la energía, la materia y todo lo que nos rodea, estamos listos para retroceder a los orígenes y ver cómo, desde el vacío más absoluto, en cuestión de segundos, se tejió la compleja red que hoy nos sostiene. Porque antes de que existiera nuestra pecera, ese «pequeño» sistema donde vivimos, respiramos y hacemos ciencia, existió un océano cósmico mucho mayor, de donde surgió todo.

El siguiente capítulo arranca en ese principio.

I

DEL BIG BANG
A TU BOTE DE CHAMPÚ

1. DE LA ABUNDANCIA AL LÍMITE INVISIBLE

1.1. Del vacío al todo, el comienzo

Desde el inicio del tiempo, en el universo han ocurrido grandes eventos cósmicos como resultado de su inmensidad y variedad de galaxias, estrellas y planetas que lo habitan. Todo lo que conocemos, toda la materia y la energía, se encuentra dentro de este, todo nace y se destruye en el mismo lugar, de un tamaño desconocido pero en incremento. Como peces en una pecera infinita, nadamos sin comprender los límites de nuestro contenedor, creyendo que el movimiento hacia delante es sinónimo de libertad, y sin notar que el cristal invisible se expande a un ritmo que nunca podremos alcanzar. Nacimos en esta pecera cósmica, dentro de un espacio que no tiene orillas visibles y, sin embargo, que está condenado a romperse.

Antes de ello no existía nada. Solo la quietud absoluta, un silencio tan profundo que el tiempo ni siquiera había nacido para medirlo. Una nada que lo ocupaba todo. Y, en esa oscuridad sin forma, latía la potencialidad pura de todos los universos posibles. Hasta que, en un instante que definió para siempre el mismo concepto de instante, la nada estalló en el todo con una explosión que fue la génesis de todo lo que iba a existir. Así nacerían el espacio, el tiempo, la materia y la energía, bailando todos juntos al mismo compás hace 13.800 millones de años en el mayor evento conocido de la historia del universo: el Big Bang.

En cuestión de una fracción ínfima de segundo, el universo se expandió de algo muchísimo más pequeño que un átomo a una escala cósmica. El espacio mismo se estiró, se contrajo, la temperatura se elevó hasta alcanzar niveles imposibles de imaginar y las partículas elementales aparecieron como chispas en un fuego primigenio. Los primeros segundos fueron un

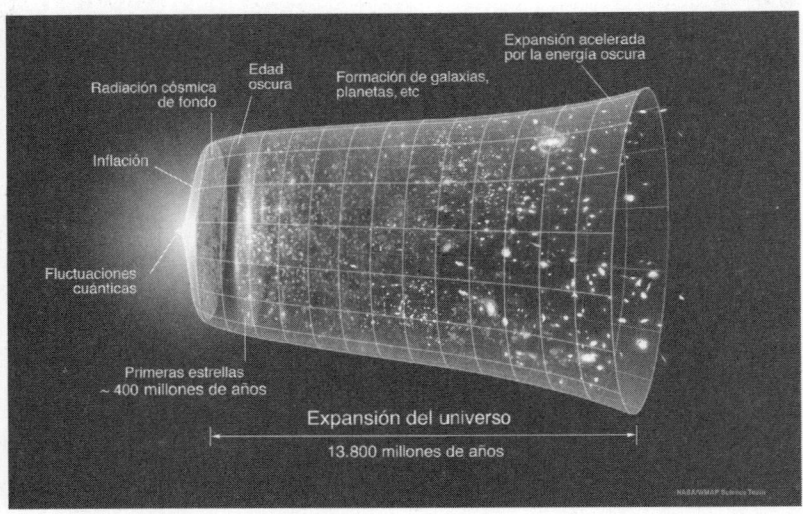

Figura 2. Expansión del universo del Big Bang a la actualidad.

torbellino: quarks que se combinaban para formar protones y neutrones; electrones que orbitaban, fotones que se escapaban como destellos...

El universo era aún un bebé cegador, un océano de radiación y plasma, demasiado caliente para que existiesen átomos estables. Solo tras 380.000 años, cuando las temperaturas cayeron lo suficiente como para que la densidad no fuera imposible de escribir en la calculadora, los electrones se unieron a los núcleos y aparecieron los primeros átomos: hidrógeno, helio, un poco de litio. El universo, por primera vez, se volvió transparente. La primera luz viajó libre, y aún hoy la podemos detectar como un eco: la **radiación cósmica de fondo**.

Figura 3. Radiación cósmica de fondo, la radiación remanente del Big Bang.

Pero con hidrógeno y helio no bastaba. Ninguna montaña, océano o ser humano podía nacer de ellos. Para crear los ele-

49

mentos pesados que forman la Tierra y nuestros cuerpos, hizo falta la alquimia de las estrellas.

Pasaron cientos de millones de años hasta que los efectos de la gravedad reunieron las primeras nubes de gas en gigantescas esferas incandescentes: las primeras estrellas. Allí, en su núcleo, la presión y el calor eran tan brutales que los átomos comenzaron a fusionarse. El hidrógeno se convirtió en helio, y más tarde en carbono, oxígeno, hierro... Cada estrella era un horno nuclear que fabricaba desde cero, átomo a átomo, las piezas que más tarde se unirían para crear planetas y personas. Como quien inicia una partida en *Little Alchemy*, pero sin ratón ni pantalla con la que poder juntar el agua con la tierra.

Cuando las estrellas más masivas agotaron su combustible, explotaron como supernovas, liberando esos elementos al espacio con una violencia inconcebible. Literalmente, fue el grito de muerte de unas estrellas lo que sembró el cosmos con el carbono de tu piel, el hierro de tu sangre y el calcio de tus huesos. Somos, de verdad, polvo de estrellas..., pero también energía de aquellas muertas.

Con el tiempo, nubes de ese polvo cósmico se reunieron de nuevo en torno a nuevas estrellas jóvenes. En una de esas, en un rincón olvidado de una galaxia rotando en espiral, nació nuestro Sol. Y con él, hace unos 4.600 millones de años, el disco protoplanetario que dio lugar a los planetas. La Tierra no surgió como la conocemos hoy: fue un mundo ardiente, incandescente, una bola de magma que era constantemente golpeada por asteroides, asfixiada y ahogada, sin aire que respirar ni océanos de los que beber.

Pero la física es paciente. Los impactos aportaron agua, los gases escaparon del interior para formar la atmósfera, y la corteza comenzó a enfriarse. La tectónica de placas levantó montañas, hundió océanos y recicló la corteza en un vaivén constante que nunca ha cesado hasta hoy.

En los mares primitivos, millones de años después, nació la química. Y aquella vida, microscópica al principio, fue la gran ingeniera silenciosa que alteró la atmósfera, capturó dióxido de carbono, liberó oxígeno y enterró sus propios restos en capas de sedimentos. Con el tiempo, esos restos se apilaron bajo kilómetros de rocas sometidos a calor y presión. Ahí, lentamente, comenzó otra historia que, tiempo después, unos seres vivos procedentes de algo similar a los peces y luego, siguiendo la línea evolutiva, de los primates, descubrirían y aprovecharían: la de los combustibles fósiles.

El petróleo que mueve tu coche o que se transforma en el plástico de tu botella no es otra cosa que luz solar atrapada por diminutas algas, plancton y organismos hace millones de años, presionada y cocinada bajo tierra a fuego lento geológico. El carbón que ardió en las calderas de la Revolución Industrial no fue sino bosques enteros de eras pasadas, comprimidos en la oscuridad hasta convertirse en bloques negros de energía pura.

¿No te parece increíble? Cuando enciendes una bombilla, en el filamento arde el tiempo. Cuando sostienes un objeto de plástico, tienes en la mano el fósil de organismos que vivieron antes de los dinosaurios. Cuando caminas sobre una montaña, estás pisando la cicatriz de un choque continental que ocurrió hace decenas de millones de años.

El mundo que habitamos no es normal ni mucho menos trivial. Es el producto de una cadena de casualidades cósmicas y de leyes físicas inexorables que, paso a paso, dieron lugar a este escenario único en el que existimos. Y entender esa cadena (desde el Big Bang hasta la silla en la que estás sentado ahora) es fundamental para comprender por qué nuestra civilización está donde está, qué límites enfrentamos y qué caminos nos quedan por explorar.

1.2. Cómo hemos llegado hasta aquí

Como dice Tim Urban en la introducción de su libro *What's Our Problem? A Self-Help Book for Societies*, si nos imaginamos la historia de la humanidad contenida en un libro de mil páginas, cada una representaría doscientos cincuenta años. Las primeras 975 páginas del libro estarían ocupadas por la prehistoria, de la que no sabemos prácticamente nada. El 97,5 % del libro son solo humanos cazando, pintando cuevas y descubriendo el fuego... sin dejar registros. Todo lo que creemos saber sobre la historia (Egipto, Mesopotamia, Grecia, Roma, imperios medievales...) se encuentra comprimido en las últimas 25 páginas. Jesús aparece alrededor de la página 993, Newton y Galileo en la 997, Marie Curie en la 998 o Einstein en la 999.

Lo realmente impactante es que, si tomaras a una persona de la página 213 y la llevaras a la 214, no notaría ningún cambio. Tal vez los árboles habrían crecido un poco, quizá alguna tribu vecina se habría movido. Pero su mundo seguiría igual. Lo mismo ocurriría si saltaras de la página 738 a la 739. La vida fue casi idéntica durante siglos, si no milenios.

Ahora bien, si transportas a un humano de la página 999 a la 1000, apenas abra los ojos caerá muerto del susto. Coches, aviones, rascacielos, pantallas, antibióticos, satélites, inteligencia artificial... Lo que para ti es normal, para él sería magia. Y esto ocuparía solo una página, el 0,1 % de nuestra historia.

El salto que dimos en esta última página fue tan repentino y tan brutal que aún estamos mareados. En un abrir y cerrar de ojos, pasamos de construir con piedra a hacerlo con acero, de observar el cielo con ojos inciertos a enviar a él artefactos. Y de una vida cuyo ritmo lo marcaba la naturaleza, a otra regida por el zumbido constante de las máquinas. Pero cada avance tuvo un precio.

En esta misma página en la que aprendimos a volar, también aprendimos a perforar la Tierra en busca de petróleo. A fabricar en masa sin medir las consecuencias. A quemar, extraer, construir, tirar y volver a empezar. Lo hicimos con la energía de la ciencia, sí, pero sin su prudencia. Nuestra comprensión del mundo creció más rápido que nuestra sabiduría para gestionarlo.

Pero esta transformación vertiginosa no nació de la nada. Llegamos hasta aquí porque, durante miles de años, fuimos acumulando conocimiento, aunque a un ritmo casi imperceptible. Al principio, aprendimos a usar herramientas, después a cultivar, a almacenar alimentos, a construir aldeas, a domesticar animales, a fundir metales, a escribir. Cada descubrimiento parecía pequeño en su momento, pero cada uno fue desbloqueando la siguiente fase del juego.

La aparición de la ciencia moderna lo cambió todo. Cuando dejamos de explicar el mundo con mitos y comenzamos a hacerlo con hipótesis y observaciones, la evolución cultural se disparó. La imprenta nos permitió difundir todo este conocimiento adquirido y multiplicar las ideas. La Revolución Industrial hizo crecer la producción, y la revolución científica creó nuevas posibilidades. Lo que antes nos llevaba milenios ahora ocurre en décadas. Y lo que era solo intuición hoy es tecnología.

Y todo eso nos trajo hasta nuestra situación actual: una civilización globalizada, conectada, inteligente y creativa..., pero también dependiente de recursos finitos, desequilibrada en su consumo y con una huella que cada vez escondemos más bajo la alfombra del progreso.

Esta aceleración no fue aleatoria, sino el resultado de haber comprendido las leyes que rigen el universo. Aprendimos a leer el manual del mundo, y lo hicimos con ciencia. La física, sobre todo, fue la llave maestra. Y ahora, desde esa página en la que estamos escribiendo en tiempo real, tenemos que decidir qué tipo de final queremos darle al libro.

1.3. La llave de la caja fuerte

Imagina que nos encontramos en la página 999 del libro de la historia de la humanidad. En Nueva York, la noche del 4 de septiembre de 1882. La ciudad es un mar de sombras iluminadas apenas por unas lámparas de gas y velas. Las calles son un caos de barro, humo y ruido. Los carros impulsados por los animales se amontonan, los caballos dejan toneladas de estiércol en el suelo cada día, y la ciudad huele a madera húmeda y carbón vegetal. La vida depende de los mismos recursos que hace miles de años: la fuerza de los animales, el músculo humano, el viento en los barcos y la corriente de los ríos que hace girar los molinos.

De pronto, en un barrio cercano a Wall Street, algo extraordinario ocurre: unas manzanas enteras se encienden como si hubiera amanecido de golpe. Más de cuatrocientas bombillas incandescentes brillan al mismo tiempo, alimentadas por la primera central eléctrica del mundo, construida por Thomas Edison en Pearl Street. La multitud que se reúne esa noche no solo ve luz; ve el futuro. Lo que antes requería fuego, mechas y gas ahora precisaba solo accionar un interruptor. Era la primera vez que la humanidad lograba domesticar el flujo invisible de electrones que corren por material conductor para iluminar la noche.

Esa escena fue solo la punta visible de algo mucho más profundo. Durante casi toda su historia, la humanidad vivió con lo que el Sol ofrecía en el día a día: calor para secar, viento para mover molinos, fuerza muscular para cultivar o transportar. Ese era el presupuesto energético solar directo, sin ahorros, sin excedentes. Pero, sin saberlo, estábamos sentados encima de una caja fuerte gigantesca. Durante todos los millones de años que habían pasado, la energía solar se había acumulado en bosques y se había convertido en carbón, en mares de microorganismos fosilizados que dieron petróleo y gas.

Cuando aprendimos a abrir esa caja fuerte, cuando encontramos esa llave, todo cambió. El carbón movió las primeras máquinas de vapor; el petróleo dio alas a los aviones y ruedas a millones de coches; el uranio encendió reactores capaces de generar calor y electricidad a escalas que ni Edison habría podido soñar. Fue un cambio de fase civilizatorio: pasamos de vivir con ingresos diarios de energía a gastar un capital colosal guardado bajo tierra. Como quien vive con un sueldo justo para el día a día, creyendo que es modestamente rico porque tiene monedas sobre la mesa, sin saber que bajo las tablas del suelo yacen toneladas de lingotes de oro.

Un litro de gasolina contiene unos 9,5 kilovatios por hora, lo que equivale a mantener encendida una bombilla de 100 vatios durante casi cuatro días seguidos, o a la energía que un ser humano promedio consume para sobrevivir, en reposo, durante ese mismo tiempo. Dicho de otra forma: cuando enciendes el motor de un coche y vacías el depósito, liberas en minutos la energía que tu cuerpo necesitaría varios meses para generar.

Ese apalancamiento energético fue como poner esteroides a la civilización. De pronto, una máquina de vapor podía sustituir decenas de caballos; una locomotora podía arrastrar cientos de toneladas; una central eléctrica podía iluminar miles de hogares al mismo tiempo. Y lo que es más fascinante: detrás de cada uno de esos saltos estaba la misma física básica. No magia, ni milagros, sino combustión que liberaba energía química, turbinas que convertían calor en movimiento y generadores que transformaban este en electricidad.

Pero el cambio no fue solo en escala, sino en velocidad. La fotosíntesis, por ejemplo, transforma apenas el 1-2 % de la energía solar en biomasa utilizable. Es un proceso lento, paciente, que funciona en ciclos anuales. El petróleo, en cambio, concentra **millones de años de fotosíntesis comprimidos en forma líquida y altamente densa**. Al aprender a extraerlo y quemarlo, lo que antes necesitaba esperar eras geológicas ahora podíamos consumirlo en cuestión de segundos.

Es la diferencia entre tener que llenar una bañera gota a gota con una cuchara... y de repente encontrar la llave de paso que abre el caudal de una presa gigante. La velocidad del flujo lo cambia todo.

En la práctica, eso significó que la civilización dejó de estar limitada por la fuerza del viento, el caudal de un río o el esfuerzo humano. Entramos a jugar en otra liga, una en la que el acceso a esas reservas profundas de energía dictaba el poder de un país, la velocidad de su crecimiento y hasta el alcance de sus sueños tecnológicos. La conquista del aire, la llegada a la Luna, las megaciudades iluminadas día y noche..., nada de eso habría sido posible solo con velas, molinos y madera. Fue como si la humanidad hubiera estado jugando en «modo supervivencia» durante milenios, rascando recursos del entorno inmediato con esfuerzo y, de repente, alguien pulsó el botón del «modo creativo» y de la noche a la mañana tuviéramos acceso a un inventario infinito de energía concentrada.

Por eso, mirar hacia atrás no es solo recordar la historia, sino ver cómo la física de la energía marcó un antes y un después tan radical como el paso de hielo a vapor. Una transición de fase en toda regla que hizo que la humanidad dejara de ser una civilización agrícola y solar para convertirse en una fósil e industrial. Y ese salto explica por qué hoy manejamos herramientas, infraestructuras y ritmos de vida que habrían parecido brujería a cualquiera que viviera antes del siglo XIX. Esa es la razón por la que puedes despertarte con una alarma en el móvil, dar la luz, ducharte con agua caliente, subirte a un tren o encender la calefacción en invierno sin pensar en talar un árbol para poder estar caliente. Es lo que permite que la leche llegue refrigerada al supermercado, que una videollamada cruce océanos en un instante o que un simple gesto como girar una llave ponga en marcha un motor con la potencia de cientos de caballos. Nuestra normalidad más básica está construida sobre ese capital energético acumulado.

Hemos seguido el hilo que va del polvo cósmico a la pecera en la que vivimos y hemos visto cómo la energía y la materia se ordenaron hasta permitir que existiéramos. Pero entender de dónde venimos no es suficiente. Cualquier sistema, por increíble que sea, lleva inscritas sus propias grietas desde el día de su nacimiento. Incluso en un tren recién salido de fábrica (perfecto, reluciente, diseñado para durar muchas décadas) puede que una soldadura tenga un defecto microscópico que, con el tiempo y la vibración de los viajes, termine aflorando. Las civilizaciones funcionan igual: avanzan mientras todo encaja... hasta que un pequeño desajuste interno empieza a propagarse.

Y tarde o temprano llega la pregunta inevitable: ¿qué ocurre cuando esas mismas leyes físicas que nos construyeron comienzan a actuar en nuestra contra? Antes de soñar con escapar del nido y viajar por el universo como si fuéramos los protagonistas de *Interstellar*, en busca de un nuevo hogar mientras todo lo conocido colapsa, debemos entender por qué algunos nidos, incluso los que parecen indestructibles, se desmoronan desde dentro.

2. POR QUÉ LOS SISTEMAS COLAPSAN

Imagina subirte a un autobús urbano a primera hora de la mañana. No es solo un vehículo, es un sistema en miniatura, una canica azul que a su vez flota en la inmensidad de la gran pecera. Estás dentro de un ecosistema metálico que respira, se mueve y consume. En su interior, tú y el resto de los pasajeros sois como moléculas en constante agitación: intercambiáis gases (oxígeno por dióxido de carbono con cada respiración), generáis calor corporal y creáis un microclima que el aire acondicionado lucha por regular. Bajo el suelo, el motor transforma la energía química del diésel en movimiento, liberando calor, dejando partículas de caucho en el asfalto y enviando vibraciones que se transmiten por toda la estructura. Cada detalle, desde las partículas de polvo que flotan en un rayo de sol hasta el sudor de la palma de tu mano, es parte de un flujo constante de materia y energía.

Este autobús funciona a la perfección... hasta que se llena. Entonces el sistema alcanza su límite invisible. El aire acondicionado ya no puede disipar el calor de ochenta personas, el ambiente se vuelve pesado y los cristales se empañan. El motor, forzado a arrancar y frenar de forma constante con un peso excesivo, consume más combustible del previsto y se sobrecalienta. El sistema no ha «fallado» de repente; simplemente, las demandas de energía y la acumulación de residuos (calor, dióxido de carbono, humedad...) han superado su capacidad de disipación y renovación. Ha llegado a su **punto de saturación**.

La física nos da las herramientas para calcular con exactitud cuándo un sistema, ya sea un autobús o un planeta, se desestabiliza. No es magia ni adivinación; es la contabilidad rigurosa de flujos, disipación y rendimientos.

Las leyes del juego son: flujo, disipación y rendimiento. Veámoslas con mayor detalle:

1. **Flujo de materia y energía (la «cantidad»).** Todo sistema tiene una entrada y una salida. En el autobús, el flujo de entrada es el combustible repuesto la noche anterior y el aire fresco que aspira el sistema de climatización; el de salida, los gases de escape y el calor disipado. En la Tierra, la entrada principal es la energía solar; la salida, el calor que el planeta intenta irradiar al espacio. El problema surge cuando extraemos y procesamos materiales (agua, minerales, combustibles fósiles) más rápido de lo que los ciclos naturales pueden reponerlos. Es como si para que el autobús siga moviéndose, los pasajeros empezarais a arrancar asientos y a quemarlos en el motor. El flujo de entrada se vuelve insostenible y el sistema se autodestruye.

2. **Disipación (el «residuo»).** La segunda ley de la termodinámica es implacable: ningún proceso resulta del todo eficiente. Toda transformación de energía genera residuos, normalmente en forma de calor de baja calidad, que se dispersa y ya no es útil. En el motor del autobús, solo un 20-30% de la energía del diésel se convierte en movimiento; el resto se disipa como calor y ruido. A escala global, toda la energía que usamos para fabricar, transportar y calentar acaba como calor residual que calienta la atmósfera y los océanos por culpa del efecto invernadero. Para comprender este fenómeno imagina que el bus, en un día de agosto de calor extremo, tuviera las ventanas selladas. La luz del Sol (energía) penetra y calienta el interior, pero el calor generado no puede escapar con facilidad. Por eso cuando entras al coche después de dejarlo un buen rato al sol, te quemas al tocar el volante. La Tierra funciona igual: ciertos gases en la atmósfera actúan como esos cristales, atrapando el calor y haciendo que el planeta se recaliente. La disipación es un «ruido» sofocante que, cuando es demasiado alto, vuelve el sistema caótico e inhabitable.

3. **Rendimiento (la «eficiencia»).** Este es el concepto clave. El rendimiento es la relación entre la energía total que invertimos y la energía útil que obtenemos. Si para extraer 100 julios de energía de un yacimiento de petróleo necesitamos gastar 95 en perforar, bombear y refinar, el rendimiento neto es miserable. La física im-

pone límites teóricos absolutos (como el límite de Carnot para las máquinas térmicas) que ni la tecnología más avanzada puede superar. Un motor nunca convertirá el cien por cien del combustible en movimiento; si lo hiciera, este libro no tendría razón de ser. Forzar un sistema más allá de su rendimiento óptimo no solo es ineficiente, sino la receta perfecta para la desestabilización.

Pero existe un factor aún más contraintuitivo que acelera el colapso: la física de los puntos de inflexión, porque los sistemas no avisan con una alarma roja; se desmoronan de repente, como un castillo de naipes. Y esto lo explica una ley física que gobierna el colapso y que es tan universal como la gravedad: la criticalidad autoorganizada. Se manifiesta en los atascos de tráfico, en los derrumbes de arena e incluso en el crac bursátil. Imagina que vas añadiendo granos de arena, uno a uno, a un montón. Al principio, no pasa nada. Pero cada grano nuevo aumenta la inestabilidad de la estructura, hasta que uno desencadena una avalancha desproporcionada, como si ese grano de arena fuera tremendamente más pesado e importante que todos los demás. El sistema físico ha alcanzado un «punto crítico» donde un pequeño estímulo puede provocar una respuesta catastrófica. No fue el último grano el culpable, sino la organización crítica de todo el montón. En nuestro autobús, no es solo el pasajero número ochenta y uno el que colapsa el sistema, sino la tensión acumulada que su llegada libera. En la economía mundial, no es la quiebra de una sola empresa la que causa una recesión, sino la fragilidad interconectada de todo el sistema financiero, que un pequeño evento pone en evidencia.

Estos puntos críticos suelen llevar a umbrales de no retorno. Calienta un cubito de hielo y se derretirá de forma gradual. Pero por mucho que enfríes el agua, nunca recuperarás el cubito original con su estructura cristalina perfecta. Un bosque talado puede rebrotar, pero la biodiversidad original y las complejas redes de hongos subterráneas que tardaron siglos en formarse son una cicatriz permanente.

Por último, aparece la ley de los rendimientos decrecientes, ese momento en que seguir invirtiendo energía extra produce beneficios cada vez más ridículos. Los primeros yacimientos de petróleo brotaban casi solos; hoy, perforamos a kilómetros de profundidad bajo el mar o fracturamos rocas, y gastamos una energía descomunal para extraer un recurso de una calidad cada vez menor. No es solo que se acabe, es que el hecho de conseguir lo que queda exige un esfuerzo tan enorme que deja de merecer la pena. Es como intentar enfriar nuestro autobús sobrecargado de gente y con el motor ahogándose con ventiladores portátiles. El primer ventilador puede bajar la temperatura un grado. El segundo, medio grado. El tercero apenas hará que se note. Estamos añadiendo complejidad y gastando más energía para obtener ganancias cada vez más marginales, hasta que el coste supere por completo el beneficio. Ya no vale la pena poner soluciones precarias porque estas no tendrán prácticamente efecto en nuestro sistema.

Volviendo al autobús. Su capacidad de disipación (el aire acondicionado, los radiadores) está diseñada para un número máximo de pasajeros. Si lo sobrecargamos un día de agosto, el sistema colapsa, como ya hemos visto. De la misma manera, la Tierra tiene una capacidad limitada para absorber nuestros residuos (como el dióxido de carbono) y reponer nuestros recursos (como el agua dulce).

El colapso no es un castigo, se trata de una consecuencia física que se produce cuando la presión interna supera la resistencia del contenedor.

Si añades gota a gota agua a un vaso que ya está lleno, la tensión superficial mantiene el contenido en su sitio, hasta que una última gota, en apariencia inofensiva e idéntica a todas las anteriores que ya están dentro del vaso, supera el límite elástico del sistema y el líquido se desborda de golpe. Nuestras emisiones de gases de efecto invernadero son esas gotas.

Si estiras un muelle dentro de su límite elástico, volverá a su forma. Pero si lo alargas más allá de su punto de ruptura, se deformará para siempre. Los ecosistemas se comportan igual: puedes extraer una gran cantidad de peces de un océano sin que esto tenga ningún efecto. Ahora, si se sobrepasa el límite, el colapso pesquero será irreversible.

En definitiva, la física no dice que no podamos usar los recursos del planeta. Lo que nos grita, a través de ecuaciones y experimentos, es que existe una tasa sostenible de extracción y disipación. Ignorar estos límites, como la capacidad máxima del autobús, no hará que desaparezcan; solo garantizará que el viaje termine en avería en medio de la autopista y cuesta abajo.

Pero comprender estas reglas genera una pregunta urgente: si un sistema avisa antes de romperse, como chirría el motor antes de detenerse, ¿cómo podemos escuchar sus señales? La respuesta no está en adivinar, sino en atender con los oídos adecuados. Por fortuna, la física no solo nos da las reglas del juego, sino también los instrumentos para escuchar los susurros del planeta antes de que se conviertan en un grito que nos deje sordos.

Imagina que la humanidad es un coche en una carretera cuesta abajo. El paisaje es bonito, el motor ruge con fuerza y la velocidad resulta emocionante. Cada vez vas a más velocidad y el movimiento del paisaje que percibes por la ventanilla aumenta. Pero los frenos no están pensados para una bajada tan larga y pronunciada. En física, cuando un objeto gana velocidad en una pendiente y no hay fricción, frenos ni forma alguna de disipar la energía acumulada, la historia siempre termina igual. Basándonos en casos anteriores, el final es predecible: el choque del coche no es una posibilidad... es una certeza.

Lo que importa es cuándo y a qué velocidad llegaremos al final.

2.1. Crecimiento poblacional

Cada cuerpo que se mueve, se calienta o simplemente existe necesita energía que intercambia con su entorno. Un ser humano promedio, incluso en reposo, necesita unos cien vatios de potencia para conservar sus funciones vitales, la energía mínima para mantener tu corazón latiendo y tu cerebro pensando. Esta es la energía equivalente a tener una bombilla encendida las veinticuatro horas del día toda la vida.

Pero nosotros no vivimos en reposo. Movemos vehículos, construimos edificios, fabricamos objetos, procesamos información..., y cada una de estas actividades multiplica por varias veces ese consumo base.

Hace dos siglos, éramos poco más que mil millones de personas. Hoy somos más de ocho mil millones y crecemos a razón de unos ochenta millones al año: como si cada doce meses se añadiera una nueva Alemania al sistema (con todas sus casas, población, carreteras, hospitales y demandas energéticas) y no para visitarnos, sino para quedarse dentro de él.

Y aquí está el matiz: no solo crece el número de personas, sino también la cantidad de energía y materiales que cada humano individual usa en promedio. Un habitante de hace trescientos años necesitaba menos energía al año que un frigorífico moderno. Hoy, incluso los países más humildes dependen de infraestructuras y tecnologías que multiplican el gasto por persona.

Un campesino del siglo XVIII no necesitaba electricidad, wifi ni aire acondicionado; hoy, cada nuevo ciudadano que nace llega con una lista de necesidades energéticas que ni siquiera existían antes. Ese campesino vivía con la energía de una vela; hoy, un niño con su tablet y su aire acondicionado consume más que lo que ese campesino usaba en toda su vida.

El progreso ha sido como un río tranquilo que de repente recibe una avalancha. A ese mismo cauce llega mil veces más agua que intenta discurrir a un tiempo. Esa combinación (más individuos y mayores demandas por cada uno) hace que se multiplique y acelere la presión que hay sobre los ciclos naturales que se encargan de regenerar el planeta.

Imaginemos de nuevo un río tranquilo. Si lo atraviesa un pez, apenas se nota. Si lo cruzan miles de barcos a la vez, la corriente se enturbia, aparecen olas, remolinos y el agua deja de fluir como antes. La Tierra es ese río, no está diseñada para que el flujo de energía y materia sea ilimitado.

Además, el ritmo es clave. Un bosque puede regenerar madera en décadas, un acuífero puede reponerse en siglos, un yacimiento mineral en millones de años. Pero nuestra población, en apenas unas generaciones, ha multiplicado la demanda a un nivel que desfasa por completo el tiempo de reposición natural. Es como intentar llenar un vaso gota a gota mientras alguien más lo vacía con una pajita industrial: el resultado es predecible y está escrito.

Lo que está ocurriendo no es solo un problema de cantidad o crecimiento poblacional, sino de velocidad de transformación. La humanidad no solo se expande en el espacio, sino que fuerza el paso de energía y materia por el sistema terrestre, mucho más rápido de lo que este puede procesarlo. Y aquí es donde aparece la física: cualquier sistema, desde un motor hasta una estrella, tiene un rango de funcionamiento estable. Si lo forzamos a operar más rápido de lo que sus mecanismos pueden regular, equilibrar o disipar…, aparecen turbulencias, ineficiencias, pérdidas y, en casos extremos, fallos totales. Si calentamos agua, al principio aumenta de temperatura de manera lineal, pero al acercarse a los 100 °C, pequeñas aportaciones de calor provocan cambios drásticos (ebullición). La Tierra no es distinta en ese sentido: no colapsa porque «esté enfadada con nosotros» ni «por venganza», colapsa porque, como cualquier sistema forzado fuera de rango, se comporta de forma caótica e impredecible.

Por tanto, también es importante tener en cuenta el crecimiento poblacional en este libro, ya que no solo aumenta el consumo total, sino que acelera la tasa a la que extraemos y transformamos materia y energía. Y en física, más flujo implica más disipación, más residuos y más entropía en el sistema.

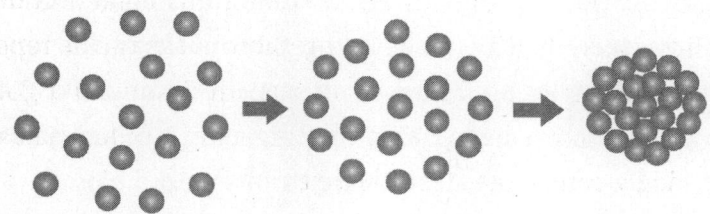

Figura 4. Aumento de la densidad y entropía que saturan el sistema.

2.2. Sobreexplotación y desperdicio

Piensa en esto: cada acción humana es una transferencia de energía. Cuando enciendes una bombilla, esta convierte electricidad en luz y calor. Arrancar un coche transforma la energía química del combustible en movimiento y gases de escape. Hasta el simple acto de respirar implica intercambiar oxígeno y liberar dióxido de carbono. Cuando una persona lo hace, el impacto es mínimo. Pero cuando lo hacen ocho mil millones de personas al mismo tiempo, el efecto acumulado es gigantesco.

El planeta funciona como un gran circuito de entrada y salida. Tomamos energía de diversas fuentes (el Sol, el viento, el agua, el subsuelo) y la convertimos en trabajo útil. Pero en el proceso, todo exceso vuelve al sistema en otras formas: calor, sonido, vibración, gases, radiación o partículas. Es lo que en física llamamos «ruido» o «disipación», es decir, todo lo que no se aprovecha para el objetivo final. Ese ruido no solo constituye una molestia ambiental, también lo es en el terreno científico y tecnológico. Los detectores de ondas gravitacionales como LIGO, o los aceleradores de partículas como el LHC de la Organización Europea para la Investigación Nuclear (CERN, por sus siglas en francés), se encuentran siempre bajo tierra, ya que tienen que diseñarse con una precisión tal que cualquier vibración minúscula procedente de una fluctuación térmica, un avión sobrevolando las nubes o incluso el paso de un camión a kilómetros de distancia puede interferir en la señal. Para evitarlo, se invierte en sistemas de aislamiento extremo, porque la física no perdona: toda transformación deja huellas.

La energía nunca desaparece, simplemente cambia de forma. Cuando cocinamos, la electricidad se transforma en el calor que cuece los alimentos, pero también en el residual que se escapa al aire. Cuando usamos unos zapatos, su suela se desgasta poco a poco y las partículas se integran en el suelo. Cuando lanzamos una pelota, su energía cinética se convierte también en calor y sonido al rebotar contra el suelo (el desgaste puede ser tangible o en forma de onda como el sonido o la radiación). En cada ejemplo, algo se aprovecha, pero otra parte se dispersa. Y, cuanto más rápido obligamos al circuito a moverse, cuantas más transformaciones hacemos, más turbulencias generamos al sistema global.

Cuando extraemos petróleo, minerales, agua o madera, no estamos «creando» riqueza de la nada, lo que hacemos es mover materia y energía de un estado y un lugar a otros distintos. Una cuchara de madera, por ejemplo, no es más que una parte de un árbol hallado en mitad de un bosque que ha sido tallada a la medida de tu mano. Una ventana de vidrio procede de granos de arena fundida a temperaturas extremas. Un coche es la combinación de materiales arrancados de distintos suelos del mundo, fundidos, refinados y ensamblados bajo toneladas de calor y presión. Nada surge por arte de magia, todo tiene un origen físico tangible.

Y cada transformación tiene un coste. Para fabricar el teléfono inteligente de tu bolsillo, se requieren más de sesenta elementos químicos diferentes: desde el silicio en los microchips que almacenan tus contactos y te dejan instalar aplicaciones hasta el litio de las baterías o las tierras raras (como el neodimio) para los imanes. Muchos de estos materiales se encuentran en concentraciones muy bajas en la corteza terrestre. Eso significa que, **para obtener unos pocos gramos**

útiles, es necesario remover toneladas de roca. Como ya hemos dicho, el proceso nunca convierte la totalidad de lo extraído en el producto final. Una parte se pierde en forma de calor, vibraciones, impurezas no reutilizables o fragmentos descartados. Es decir, un desperdicio.

Figura 5. Tabla periódica de los elementos.

¿Y qué pasa con la energía empleada en esa cadena? La segunda ley de la termodinámica es clara: cada conversión degrada la calidad de la energía disponible. Para extraer los minerales necesitamos perforadoras, las perforadoras requieren electricidad para moverse y esta se convierte en calor en sus motores. Para fabricar tu teléfono móvil se necesita fundir el metal, lo que requiere altas temperaturas y esa energía térmica se disipa en hornos y escapes. Para traerte tu móvil a la tienda donde lo has encargado se necesita un camión, para que el camión llegue se precisan carreteras y la energía del transporte se disuelve en ruido y fricción en el asfalto. Toda esta energía no desaparece, pero sí se dispersa en formas menos útiles para el trabajo final, que es llamar, mensajear o ver vídeos. Una vez degradada, ya no puede recuperarse para el mismo propósito.

Podemos pensarlo siguiendo el ejemplo de la pecera. Si sacamos agua de la pecera más rápido de lo que se repone, el nivel baja. Pero aquí ocurre algo más complejo: en nuestro sistema no existe nada que no sea la propia pecera, esa es la Tierra y no existe nada externo. Cada litro extraído vuelve al sistema como agua contaminada, que además exige energía adicional para depurarla. No existe algo fuera de la pecera (fuera del sistema) que haga desaparecer los residuos de los peces. Es un doble gasto: el nivel de agua de la pecera baja y el drenaje se satura al mismo tiempo. En términos físicos, estamos forzando un flujo de materia y energía en desequilibrio con la tasa de reposición natural.

Y nosotros, los peces, no nos quedamos cortos. Generamos residuos orgánicos (restos de comida), residuos reciclables (papel, vidrio, plástico, metal), residuos especiales (pilas, medicamentos, aceites), residuos textiles y de construcción, residuos del hogar, comercios e industrias... y también desechos metabólicos como el agua y el CO_2.

Si abrieras un grifo y el agua llevara un 0,04 % de mercurio disuelto, no la beberías jamás. Sería mortal incluso en pequeñas dosis. Pues bien, el CO_2 en la atmósfera representa aproximadamente esa fracción del aire, apenas el 0,04 %. Y, sin embargo, esa mínima porción es suficiente para alterar el ba-

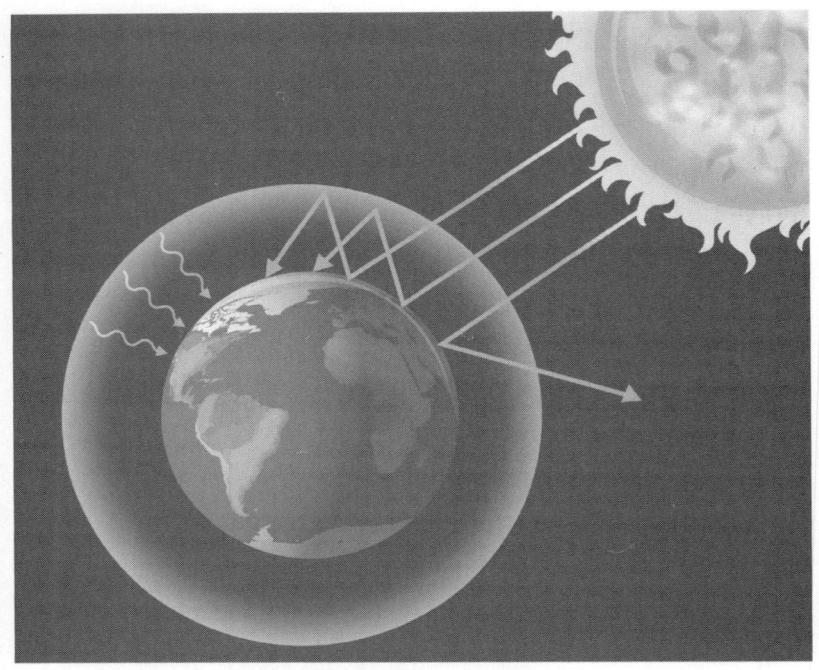

Figura 6. Efecto invernadero.

lance energético de todo el planeta. Por ende, el CO_2 es transparente a la luz visible, pero absorbe y reemite radiación infrarroja. O, como se suele explicar, permite que entre la energía del Sol, pero dificulta que escape parte del calor hacia el espacio. Así que, cuanto mayor sea la cantidad de este gas en la atmósfera, esto provocará que cada vez haya más rayos de Sol que entran, pero no salen..., y entonces es cuando sube la temperatura. Este fenómeno actúa de la misma manera que tus ventanas cuando aparcas el coche al sol sin protección. Es como si a la Tierra le hubiéramos puesto una fina manta que no deja que el calor se disipe con la misma facilidad.

En la actualidad, la cantidad de este gas que emitimos al aire cada día se traduce en un exceso de energía en la Tierra de más de 2,6 vatios por metro cuadrado. Puede que parezca muy poco, pero si lo multiplicamos por toda la superficie del planeta, equivale a la energía de unas quinientas mil bombas atómicas de Hiroshima cada veinticuatro horas, distribuidas de manera uniforme. No se libera en una explosión, sino de forma acumulativa, calentando despacio océanos, suelos y la atmósfera, la única hasta el momento que nos permite respirar.

3. INSTRUMENTOS QUE DESENMASCARAN EL PLANETA

Piensa por un momento que eres un superhéroe. Pero no uno que levanta coches o vuela a la velocidad del sonido, sino uno con un poder mucho más sutil y profundo: la capacidad de ver lo invisible. Eres capaz de observar cómo el agua subterránea fluye bajo tus pies, cómo las tensiones en las profundidades de la Tierra tejen una red de fracturas mucho antes de que el suelo tiemble, ver las fuerzas magnéticas que se generan al leer la información cuando pasas por un detector, cómo los gases invisibles interactúan para escribir el clima en la atmósfera. Puedes, incluso, seguir los rastros radiactivos de un desastre a lo largo de las décadas a través de las huellas de los seres vivos más inesperados.

Esta no es una fantasía, sino la realidad de la física aplicada. Somos una especie equipada con cinco sentidos bastante limitados, pero hemos aprendido a construir extensiones tecnológicas de estos. Herramientas que traducen el lenguaje silencioso del planeta (las diminutas variaciones en la gravedad, las débiles vibraciones del subsuelo, la firma espectral de la luz...) a un idioma que podemos comprender.

En este apartado, nos convertiremos en esos superhéroes. Exploraremos cómo los instrumentos más avanzados, basados en principios físicos a menudo contraintuitivos, están desenmascarando los secretos mejor guardados de la Tierra. Cómo pesamos acuíferos desde el espacio, escuchamos los susurros premonitorios de los terremotos, leemos la composición química del aire y rastreamos la radiación a través de los hongos. Prepárate para descubrir que lo invisible, a menudo, es solo aquello para lo que aún no hemos afinado la mirada.

3.1. Pesar el agua desde el espacio

Si alguien nos preguntara cuánto pesamos, nuestra respuesta sería un número fijo. Pero si esa misma pregunta se la hiciéramos a un punto concreto de la Tierra, la respuesta sería: depende. Y no tendría que ver con si el planeta hizo mucho ejercicio la semana pasada, sino con la masa que hay desde ese punto hasta el centro de la Tierra.

La ley de la gravitación de Newton nos dice que la fuerza de gravedad es proporcional a la masa. Un monte enorme, como el Everest, tiene ligeramente más gravedad que una llanura. Allí arriba, además de quedarte sin aliento, también pesas un poco menos que en la playa. ¿Por qué? Porque cuanto más lejos estás tú como persona del centro del planeta, menor es la fuerza de la gravedad que actúa sobre ti. A casi nueve kilómetros de altura, tu cuerpo está lo bastante lejos como para que la báscula que te has subido contigo hasta la cima marque unos gramos menos que cerca del mar, sin tener en cuenta los kilos que hayas podido perder por el simple hecho de subir hasta la cima... Pero aquí aparece un matiz curioso, del que seguro que ya te hayas dado cuenta. Aunque la distancia al centro es menor en la playa, en la cima de una montaña tienes una masa enorme de roca justo debajo de ti, que también ejerce su pequeña atracción. Esa masa adicional compensa un poco la pérdida por estar más lejos.

El resultado es que las variaciones son diminutas pero reales. Hablamos de diferencias de décimas de kilo en una persona de 70 kilogramos, dependiendo de si está en una llanura, una montaña o incluso sobre un suelo con una composición mineral distinta. Una densa placa de hierro enterrada bajo tus pies genera una anomalía gravitacional; esto es, tira de ti con una fuerza ínfima pero detectable con los instrumentos adecuados.

Y además hay algo crucial para nuestra historia: el agua tiene masa, de hecho, mucha masa. Y parte de esta se encuentra fluctuando en acuíferos subterráneos dentro de rocas y montañas que han dejado pasar el agua de la lluvia y los ríos a través de las grietas. Es un verdadero peso muerto bajo tierra. Cuando un acuífero subterráneo se llena, la gravedad local en esa zona aumenta de forma infinitesimal. Cuando se seca, la gravedad disminuye.

El problema es que esta variación es absurdamente pequeña. Hablamos de cambios de una parte en mil millones de la gravedad total de la Tierra. Es como intentar detectar el peso de un copo de nieve posado sobre un portaviones. Es imposible con métodos tradicionales, pero la ingeniería y la física se dieron la mano para crear algo mágico: la misión GRACE (Gravity Recovery and Climate Experiment), un verdadero micrómetro en el cielo.

Figura 7. Satélites gemelos de las misiones GRACE y GRACE-FO.

GRACE, y su sucesora GRACE-FO (Follow-On), no era un satélite, sino un par de ellos. Dos gemelos volando en la misma órbita, uno detrás del otro, a unos doscientos veinte kilómetros de distancia entre sí, y a unos quinientos kilómetros sobre nuestras cabezas. Su misión era exquisitamente simple y genial: medir de manera constante la distancia que los separaba con una precisión asombrosa, inferior al grosor de un cabello humano.

Si alguna vez has visto cómo funciona el radar de un coche moderno o un detector de velocidad de la policía, ya tienes una pista. A través de estos se envía una señal a tu coche, esta rebota y al medir el tiempo de ida y vuelta se calcula la distancia. GRACE hacía lo mismo, pero a una escala tan extrema que parece ciencia ficción. Los dos satélites se lanzaban microondas entre sí y, al medir con precisión microscópica cuánto tardaban en viajar, sabían si la distancia entre ambos había cambiado. La exactitud era tan absurda que podían detectar variaciones menores al grosor de un cabello humano, incluso mientras orbitaban la Tierra a más de veintisiete mil kilómetros por hora. Es como si dos ciclistas que entrenan en lados opuestos de un estadio pudieran notar si el otro se aleja o acerca la distancia equivalente a lo que mide una célula. Un radar cósmico pero afinado hasta el límite de lo imaginable.

¿Y esta lucha de ondas electromagnéticas de alta frecuencia entre dos satélites gemelos para qué sirve? Imagina que el satélite líder vuela sobre una región con un acuífero lleno de agua. La masa extra de agua atrae al primer satélite, acelerándolo ligeramente hacia la Tierra. Por un instante, la distancia entre los dos satélites aumenta. Cuando el satélite líder pasa la zona de mayor masa y el seguidor entra en ella continuando su camino, este es a su vez atraído hasta cerrar la distancia. Al cruzar la anomalía, la distancia se normaliza.

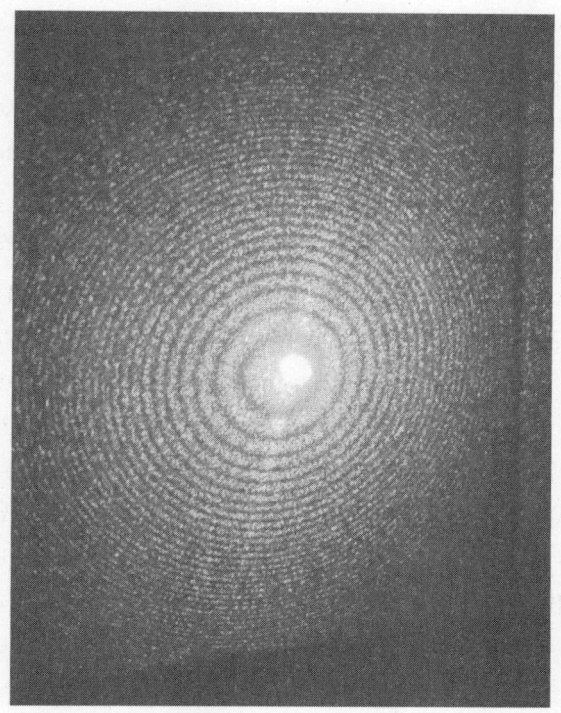

Figura 8. Imagen del patrón de interferencias generado por un interferómetro de Michelson al recombinar un haz de luz láser con trayectorias ópticas ligeramente distintas.

Estas minielongaciones y compresiones en la distancia entre los satélites se miden sin cesar mediante un interferómetro de microondas. Así pueden comparar las fases de estas ondas que se disparan mutuamente. Una diferencia de apenas unos nanosegundos en el tiempo de viaje de la señal se traduce en la distancia medida con una exactitud menor que el grosor de los hilos que componen la ropa que llevas puesta. Es tan sensible que incluso las pequeñas vibraciones producidas por la expansión térmica del propio satélite deben corregirse para que no contaminen la señal.

Si recuerdas el funcionamiento de LIGO para detectar ondas gravitacionales, esta herramienta es un primo lejano, pero en órbita y con otro objetivo: en lugar de registrar ondas que distorsionan el espacio-tiempo proveniente de agujeros negros a millones de años luz, GRACE mide cómo varía el campo gravitatorio terrestre debido a masas mucho más cercanas como agua, hielo o roca. El principio, sin embargo, es el mismo: observar cómo cambia la distancia entre dos objetos separados cuando algo invisible altera el tejido del espacio que los conecta. Lo único que es distinto es la fuente de estas distorsiones.

Al rastrear estos cambios ínfimos de distancia a lo largo del tiempo, los científicos pueden construir un mapa dinámico de la gravedad terrestre. Y lo más fascinante es que no se trata de una fotografía fija, sino de una **película en movimiento**, un registro mensual de cómo la nieve se acumula en

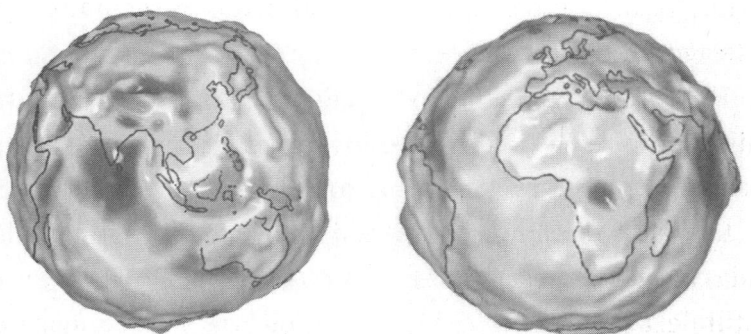

Figura 9. Anomalías del campo gravitatorio terrestre.

las montañas, el hielo se derrite en los glaciares, el agua se filtra hasta los acuíferos o se evapora de los suelos o los grandes ríos alteran su caudal. Es como si el planeta respirara y GRACE nos permitiera medir el latido de esa respiración con la exactitud de un metrónomo orbital.

Pero ¿cómo sabemos que GRACE está midiendo agua y no, por ejemplo, una montaña cercana o una veta de hierro enterrada? La respuesta es que las rocas de basamento, las cordilleras o las placas continentales tienen una masa que cambia muy lentamente en escalas de millones de años. Es decir, son casi constantes a la escala de tiempo de nuestras mediciones, cosa que juega a nuestro favor. El agua, en cambio, es inquieta: se mueve, se evapora, se acumula, se infiltra. Al comparar mes a mes los datos y restar esas masas «fijas», los hidrólogos pueden aislar la señal que corresponde al agua que entra o sale de un sistema.

El resultado es asombroso: **mapas animados** que revelan, casi como un electrocardiograma, cómo «respiran» las cuencas hidrográficas del planeta. En la ilustración de la página anterior, los diferentes tonos indican periodos de acumulación y de agotamiento.

Un ejemplo dramático es el **acuífero Ogallala**, en Estados Unidos, una de las mayores reservas de agua subterránea del planeta y columna vertebral de la agricultura del Medio Oeste. Los datos de GRACE mostraron una verdad incómoda: década tras década, ese acuífero se vacía más rápido de lo que la naturaleza puede rellenarlo. Una pérdida constante y acelerada, visible desde cientos de kilómetros sobre nuestras cabezas, que equivale a gastar un patrimonio heredado que nunca podrá reponerse.

Gracias a este «pesaje» orbital, hoy sabemos si las reservas de agua en una región árida han aumentado tras una temporada de lluvias o si se encuentran en un proceso irreversible de agotamiento. Todo ello sin perforar un solo pozo. Estamos, literalmente, **escuchando los susurros gravitatorios del agua**, un lenguaje silencioso que la física ha convertido en datos, y que quizá sea una de nuestras mejores herramientas para gestionar el recurso más esencial de todos.

3.2. Escuchar los gruñidos de la Tierra

Supón que la corteza terrestre bajo tus pies es una enorme viga de madera maciza de miles de kilómetros, apoyada sobre un motor gigante y sometida a una presión constante e implacable. No la ves moverse, pero la tensión está ahí, y se acumula gota a gota. De repente, un día, la viga cruje. Es un sonido seco, breve, un aviso minúsculo. Luego, otro. Y otro. Los crujidos se hacen más frecuentes hasta que, con un estallido atronador, se quiebra en dos.

Un terremoto equivale a ese estallido final. Pero la historia real, la que de verdad tenemos bajo nuestros pies, la que importa para predecir la catástrofe, no está en el estallido, sino en los crujidos. Durante décadas, incluso siglos, la física nos ha enseñado que la Tierra no se rompe en silencio. Antes del gran evento, la roca emite un coro de susurros, gruñidos y quejidos. El problema no era que la Tierra no hablara, sino que no teníamos los oídos lo bastante afinados para escucharla.

Todo comienza con las placas tectónicas. Estos enormes rompecabezas de la corteza terrestre se mueven lentamente, unos centímetros al año, flotando sobre un manto de roca semifundida. Pero sus bordes no son lisos; están llenos de rugosidades, de dientes que se encajan. Como piezas de un puzle sobre el agua de un estanque que chocan entre sí a cámara lenta. Cuando dos placas intentan desplazarse una junto a la otra, estos dientes se traban. La placa sigue empujando, pero la falla, la zona de fractura entre ellas, se mantiene bloqueada. Es como intentar empujar un armario enorme sobre una moqueta: al principio no se mueve, pero la fuerza que aplicas se acumula en forma de energía elástica, deformando tanto el armario como el suelo bajo él.

La roca es elástica. Se puede deformar, estirar y comprimir... hasta un límite, definido por la tensión de fractura. Cuando la tensión acumulada en la falla supera la fricción que mantiene las rocas trabadas, todo se libera de golpe. La falla se rompe y las dos placas se desplazan bruscamente, liberando en segundos la energía acumulada durante siglos. Ese es el origen del terremoto.

Pero la ruptura de una falla no es un interruptor de «todo o nada». Es más bien un proceso de fracturación progresiva, como una cuerda que empieza a deshilacharse poco a poco antes de partirse. Mucho antes de la ruptura principal, ya han empezado a ceder las asperezas microscópicas, esos puntos más débiles donde la roca no resiste. Ahí nacen **microrrupturas**, minúsculos temblores que se propagan en silencio. Son tan débiles que ni siquiera los sismómetros tradicionales logran captarlos. Son el equivalente al «crujido» de la viga antes de que se desplome.

Y la cosa no acaba ahí. La roca, sometida a tensiones extremas, también empieza a cambiar por dentro; su porosidad se altera, la velocidad a la que viajan las ondas sísmicas a través de ella ya no es la misma, y hasta puede liberar gases atrapados en sus grietas. Cada uno de estos detalles es una pista de que algo ocurre en las profundidades.

El verdadero reto de la sismología moderna no es (como a veces imaginamos) predecir el momento exacto de un terremoto con la precisión de un reloj suizo. La física nos dice que eso, hoy por hoy, es imposible, pues el proceso es caótico, no lineal, lleno de variables imposibles de controlar... Lo que sí se busca es otra cosa: detectar las señales de que una falla ha entrado en su «fase crítica», en ese estado de inestabilidad en el que, por estadística, la posibilidad de una gran ruptura se dispara.

Para escuchar estos precursores no nos vale con un solo instrumento o con apuntar todos los micrófonos en dirección al suelo hasta escuchar algo. Necesitamos una batería de «oídos» y «sentidos» desplegados estratégicamente, cada uno especializado en un tipo de señal.

Utilizamos lo que se conoce como sismómetros. Uno común es como un oído que solo reacciona cuando alguien grita; es decir, detecta el temblor fuerte, el terremoto que ya no se puede ignorar. Pero lo que realmente necesitamos son instrumentos capaces de captar el silbido antes del grito, esas vibraciones minúsculas que anticipan que algo se está moviendo en las profundidades.

Por eso existen los sismómetros de banda ancha y alta sensibilidad. Se instalan en lugares donde reina el silencio casi absoluto: pozos profundos que llegan a cientos de metros bajo tierra o túneles abandonados, apartados del alboroto de la civilización. Lugares por donde no pasan vehículos, lejos de las vibraciones que produce un avión al sobrevolarlos o una persona al caminar a metros de distancia del sitio. Porque cualquier cosa puede enturbiar la señal: el paso de un coche, la vibración de una fábrica cercana, incluso el soplo del viento. Allí abajo, en esa calma total, donde el vuelo de un grillo es lo más parecido a un martillo neumático, estos instrumentos escuchan la microsismicidad del planeta.

Y lo que oyen es fascinante. Pueden detectar temblores de magnitud inferior a cero, es decir, tan pequeños que la energía liberada equivale a la de dejar caer una manzana desde una mesa. Sí, tan ridículo como eso, y, aun así, detectable. Cuando en una falla concreta la frecuencia de estos minisuspiros aumenta de forma sostenida, los geólogos lo llaman «enjambre sísmico». Es como si la madera de la viga empezara a quejarse cada vez con mayor frecuencia y fuerza. Esto no significa que vaya a romperse hoy ni mañana, pero sí que la tensión está acumulándose y que la estructura se está ajustando a niveles cada vez más críticos.

Esa altísima sensibilidad también tiene sus riesgos. Y es que, en algunos de estos registros ultrasensibles, se ha llegado a confundir el paso de trenes o incluso el oleaje del mar al golpear una costa a kilómetros de distancia con microsismos. Así de afinado es el oído de estos aparatos, escuchan lo que para nosotros es completamente invisible.

Mientras la falla está bloqueada y la tensión se acumula, la corteza terrestre a su alrededor empieza a deformarse poco a poco. No lo notas con los pies, ni con los ojos; pero ahí abajo, el suelo se comporta como una goma elástica que alguien estira con paciencia. Al principio parece intacta, firme, pero a cada segundo guarda más energía de la que puede soportar.

Para detectar ese estiramiento invisible entran en juego los extensómetros. Son como reglas muy sensibles que miden si dos puntos de la Tierra, separados por una falla, siguen estando a la misma distancia o si se han movido unos micrómetros (milésimas de milímetro). A menudo se colocan en túneles que cruzan fallas, con un extremo en un lado y el otro al otro. Allí, un haz de láser o un hilo de invar mide con precisión absoluta si la Tierra se está estirando. Imagina tener un metro en casa que pudiera notar cómo tu pared «respira» cuando pasa un camión por la calle, esa es la sensibilidad de estos instrumentos.

Los inclinómetros hacen lo mismo, pero en lugar de medir distancias, miden inclinaciones. Si la corteza se abomba ligeramente, como una mesa que empieza a arquearse bajo demasiado peso, lo detectan. No hay ojos humanos que perciban ese cambio, pero los sensores lo registran como una señal inequívoca: la Tierra se dobla bajo presión y se prepara para soltarla. Son como los dedos que notan que el suelo cede bajo presión mucho antes de que se rompa.

Y, por último, antes del estallido, aparece uno de los avisos más extraños y fascinantes: los de los medidores de **radón**. Aquí la historia se pone nuclear. El radón es un gas noble, radiactivo, incoloro e inodoro, que surge de manera natural cuando el uranio de las rocas se desintegra. Este elemento es algo más cotidiano de lo que parece: no huele, no se ve y no se siente; pero es la segunda causa de cáncer de pulmón de todo el mundo (después del tabaco). Se puede filtrar desde el suelo hasta tu casa, en especial en zonas poco ventiladas y, de nuevo, es radiactivo. Libera partículas alfa, que al inhalarlas dañan tus pulmones desde dentro. Y aunque no suele ser un gran motivo de preocupación inmediato por mucho que vivas en una casa con sótano, merece atención. Normalmente, queda atrapado en los poros de la roca, como burbujas en una botella cerrada. Pero cuando la falla empieza a microfracturarse, esos poros se abren y el gas escapa. De repente, sensores instalados en el suelo o en las aguas subterráneas empiezan a detectar picos anómalos de radón. Es como si la Tierra «sudara» un gas radiactivo justo antes de «gritar».

Los físicos colocan detectores ultrasensibles que monitorizan estas emisiones en busca de aumentos repentinos que indiquen que la roca se está rompiendo en silencio. No hay nada místico en ello, es pura mecánica. La tensión rompe los poros, el gas encuentra salida, y nosotros podemos leer esa señal como un mensaje: algo grande se prepara.

Y entonces, sin previo aviso, llega el clímax. La tensión supera el punto de no retorno. La ruptura comienza en un punto de la falla, lo que se conoce como el hipocentro, y toda la energía acumulada se libera en forma de ondas sísmicas. En ese instante, los instrumentos que antes eran «profetas» se convierten en «cronistas» en directo.

Los acelerómetros registran la violencia de cada sacudida, midiendo la aceleración del suelo. Gracias a ellos sabemos qué fuerzas exactas debe resistir un edificio para no caer. Los sismógrafos digitales de banda ancha dibujan el «electrocardiograma» completo del terremoto, desde las ondas más graves hasta las más agudas, lo que nos permite entender la melodía oscura que la Tierra entona cuando rompe a gritar.

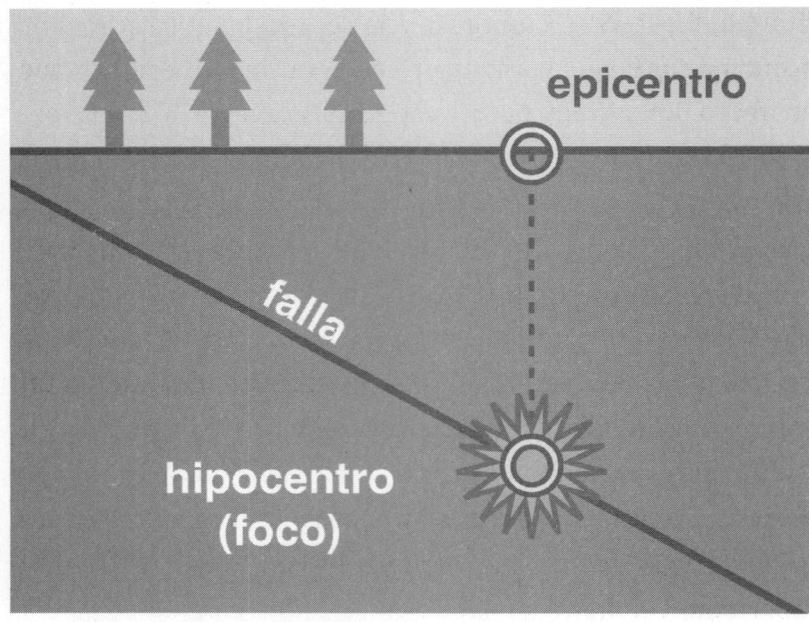

Figura 10. Conceptos geológicos relacionados con los terremotos.

Pero aquí hay un último truco de la física, una ventana de oportunidad, incluso cuando el terremoto ya ha comenzado: la alerta temprana.

Un terremoto no genera una sola onda, sino varias. Primero viajan las ondas P (primarias), que son como ondas de sonido en la roca. Viajan rápido (a unos 6-7 km/s), pero son relativamente inofensivas, apenas un aviso. Detrás vienen las ondas S (secundarias) y las superficiales, más lentas (3-4 km/s) pero demoledoras. Estas últimas son las que sacuden edificios, rompen carreteras y derriban puentes.

Los sistemas de alerta sísmica temprana (EEW, por sus siglas en inglés), como los que funcionan en Japón, México o California, aprovechan esta diferencia de velocidades. Una red de sismómetros detecta las ondas P en el mismo instante en que aparecen. En milisegundos, un algoritmo calcula la ubicación, la magnitud aproximada y el tiempo que tardarán en llegar las destructivas ondas S a cada ciudad. Eso significa que podemos ganar desde unos segundos hasta más de un minuto de ventaja.

Puede que un minuto no suene a mucho. Pero en un hospital, este basta para pausar una cirugía. En un tren de alta velocidad, da para frenar y evitar un descarrilamiento. En un ascensor, es suficiente para detenerlo en el piso más cercano y abrir sus puertas. En una casa, para que una familia deje de cocinar y se aleje del fuego. En una fábrica, para cerrar una válvula de gas y evitar una explosión. Y en tu propia vida, para reaccionar y ponerte a salvo.

No es magia ni profecía, es la física pura jugando a nuestro favor.

Al final, todo este arsenal de sensores (los oídos ultrasensibles de los sismómetros, los ojos precisos de los extensómetros, el olfato extraño de los detectores de radón) nos permiten algo extraordinario: aprender a leer el lenguaje secreto de las rocas. Un idioma hecho de crujidos, inclinaciones y gases que nos cuenta cuándo la Tierra está a punto de liberar su furia.

Durante miles de años, los humanos fuimos sorprendidos por terremotos sin entender nada. Hoy, poco a poco, dejamos de ser víctimas desconcertadas y empezamos a ser testigos que saben escuchar los susurros antes del estruendo.

3.3. Leer el aire invisible con códigos de barras

Antes de siquiera parpadear, de que tu piel roce el mundo, los gases ya están contigo. Están en cada inhalación y exhalación, flotando a tu alrededor, invisibles pero presentes, dejando su huella en cada movimiento que das desde el primero de todos.

Cada molécula de gas que hay en la atmósfera tiene su propia canción, una vibración única e irrepetible, como la voz de un cantante de ópera que solo puede sostener una nota perfecta y exacta. El metano canta en un tono, el dióxido de nitrógeno en otro y el monóxido de carbono en uno completamente distinto a los demás. El problema es que estas canciones no se emiten en ondas sonoras que nuestros oídos puedan captar, sino en forma de luz.

Ahora, imagina que tienes un oído tan prodigioso que no solo puedes escuchar sonido, sino también cómo la luz del Sol, tras recorrer ciento cincuenta millones de kilómetros a través del vacío del espacio durante ocho minutos y veinte segundos a su velocidad máxima y atravesar toda la columna de aire de nuestra atmósfera desde el final del espacio hasta llegar a tu oído, ha sido modificada por estas «voces» moleculares. Visualiza que puedes descomponer ese rayo de luz en un arcoíris y observar diminutas líneas oscuras en colores específicos, leyendo el código de barras que diferencia cada molécula y decir sin lugar a dudas: «Ahí hay dióxido de azufre. Así que, en algún lugar, ha habido una erupción volcánica».

Esto no es imaginación ni ciencia ficción. Es espectroscopia. Y es el superpoder físico que nos da la capacidad de leer la composición química del aire sin tocarlo, sin olerlo y sin verlo directamente. Es la ciencia de descifrar las huellas digitales invisibles que la materia deja en la luz, y con ellas, reconstruir historias enteras sobre lo que está ocurriendo en nuestro planeta.

Todo en el universo está hecho de átomos que vibran, giran y se estiran como si estuvieran enganchados a resortes invisibles. Pero no oscilan de cualquier manera, no improvisan, sino que lo hacen siguiendo unas leyes. Cada átomo tiene permitido un conjunto de ritmos muy concretos, como si en la orquesta cósmica solo pudieran tocar unas pocas notas en su partitura. Cuando un haz de luz (un chorro de fotones disparados a la velocidad máxima del universo) atraviesa un gas, ocurre algo casi poético: los átomos de ese gas actúan como esponjas caprichosas y exquisitamente selectivas. No se tragan cualquier fotón. Solo aquellos que llevan justo la energía que encaja con sus ritmos internos, con esas notas permitidas.

Cada molécula tiene su propio menú energético. El dióxido de carbono emitido por las chimeneas de una central térmica, el tubo de escape de un coche o tu propia respiración tiene unas frecuencias concretas; el vapor de agua (H_2O) que sale al hervir una olla de pasta o de una nube creada por una torre de refrigeración de un reactor nuclear, otras distintas, y el metano (CH_4) producido por los vertederos o las flatulencias del ganado que pasta en el campo, otras completamente diferentes. Así, cuando la luz blanca del Sol (que contiene fotones de todos los colores posibles) atraviesa la atmósfera, estas moléculas actúan como gourmets caprichosos y se quedan con los fotones que les gustan. El resultado es que el arcoíris de luz que llega hasta nuestros instrumentos ya no está completo: tiene líneas oscuras, pequeñas ausencias en lugares exactos. Y esas líneas son **códigos de barras cósmicos**. Pero en lugar de identificar paquetes de galletas en un supermercado, identifican gases mortales o lo que contiene el aire: dióxido de carbono, metano, ozono, dióxido de azufre..., cada uno con su firma inconfundible.

Cuando decimos que la luz «atraviesa» o «rebota», en realidad estamos hablando de cómo los fotones interactúan con la materia. Si la superficie (o la molécula) absorbe esos fotones, el color desaparece; por eso una camiseta negra se calienta tanto al sol, porque se queda con casi toda la energía luminosa en vez de devolverla. Razón por la que se dice que, físicamente, el negro no es un color, sino la ausencia de este. Si, en cambio, refleja la mayor parte de la luz, como lo hace la nieve o una pared blanca, lo que vemos es ese reflejo puro, casi intacto. En realidad, todo lo que ves a tu alrededor no es el objeto en sí, sino la luz que acaba de rebotar en él y ha viajado hasta tus ojos. Cada palabra que lees en este libro es la interpretación que tu cerebro hace de los fotones de luz que han recibido tus ojos al rebotar en la tinta impresa en el papel. Tus pupilas son receptores de fotones reflejados. Por eso decimos que «vemos» una manzana roja; no es que esta presente ese color por dentro, sino que su piel absorbe casi todos los colores menos el rojo, que lo devuelve al aire... y finalmente a ti.

Y este mismo principio es el que aprovechan los satélites.

Figura 11. Dispersión de la luz blanca.

Para leer esos códigos de barras a escala planetaria, lanzamos espías al cielo. No con gabardina ni gafas de sol, sino con sensores especiales capaces de descifrar la luz solar después de que haya atravesado la atmósfera. El ejemplo más avanzado se llama **Sentinel-5P**, parte del programa Copernicus de la Unión Europea. Y dentro lleva su joya: **TROPOMI**, un espectrómetro, que es básicamente un lector de huellas digitales moleculares.

Figura 12. Satélite Sentinel-5P.

Su truco es muy elegante:

1. Primero observa la luz del Sol que rebota en la Tierra, en las nubes o en el océano.

2. Esa luz, antes de volver al espacio, ha hecho un viaje de ida y vuelta a través de toda la atmósfera, empapándose doblemente de sus gases.

3. TROPOMI la descompone en sus colores con una precisión asombrosa, como si desmenuzara un acorde en cada una de sus notas.

4. Luego un algoritmo busca en el espectro esas líneas oscuras, esas «mordidas» en el arcoíris que delatan qué moléculas han estado presentes.

El resultado no es una simple foto, sino más bien un mapa químico en movimiento, un retrato dinámico de lo invisible. Cada día, Sentinel-5P pinta un mapa global donde los colores no representan montañas o ríos, sino concentraciones de gases. No vemos continentes verdes y océanos azules, sino manchas de dióxido de nitrógeno sobre ciudades, plumas de metano escapando de gasoductos o nubes de dióxido de azufre arrastradas por el viento desde un volcán.

La espectroscopía orbital nos ha quitado la venda de los ojos: ahora podemos ver el aire. Ese vacío que parecía transparente es, en realidad, un océano de gases en constante movimiento. Cada respiración, cada vaca en un prado, cada ducha caliente o cada fábrica deja su huella química detectable desde el espacio. Lo que antes era invisible hoy se convierte en un mapa vivo, una partitura donde cada molécula toca su nota y nos revela cómo respira el planeta.

Cuando un volcán estalla, libera cantidades colosales de dióxido de azufre (SO_2), un gas incoloro, tóxico e irritante

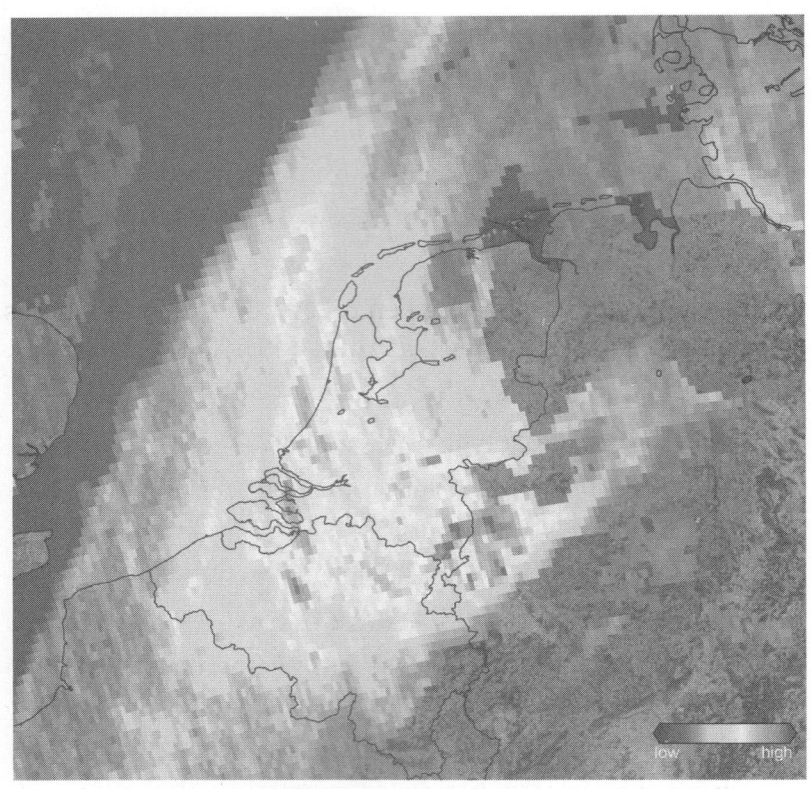

Figura 13. Contaminación del aire que muestra Sentinel-5P.

para nuestra respiración. Desde el espacio, Sentinel-5P puede rastrear esas nubes como si fueran tinta en el agua mientras cruzan océanos enteros. Este detalle no es menor, los motores de los aviones comerciales pueden colapsar si aspiran esas partículas. Hoy, gracias a estos datos, las aerolíneas redirigen vuelos en tiempo real, evitando que un avión cargado de pasajeros se convierta en un planeador silencioso sobre el Pacífico. Aquí la física se convierte, literalmente, en un salvavidas.

En 2019 ocurrió un hallazgo sorprendente: Sentinel-5P detectó un penacho masivo de metano sobre Turkmenistán. A simple vista no había nada, pero el satélite, con su ojo espectroscópico, captó el código de barras inequívoco del metano. El escape equivalía al efecto climático de millones de coches funcionando al mismo tiempo. Gracias a esa detección, se pudo localizar la fuga en un complejo de gasoductos y corregirla. Fue como atrapar a un ladrón invisible con huellas dactilares grabadas en la luz del Sol.

Los mapas de dióxido de nitrógeno (NO_2), el gas que respiran nuestras urbes por culpa del tráfico y las industrias, son aún más reveladores. Durante los confinamientos globales debido a la pandemia de COVID-19, los satélites mostraron cómo esas nubes rojizas sobre ciudades como Milán, Madrid o Pekín se desvanecían en apenas unas semanas. Y cómo, al volver la actividad, regresaban igual de rápido. Fue como ver a la Tierra exhalando un suspiro de alivio para volver a toser poco después.

Y aunque estos son solo algunos ejemplos, la espectroscopia no nos dice qué debemos hacer, no dicta políticas ni soluciones. Lo que hace es mostrarnos los hechos, desnudos y contundentes, escritos en la luz. Nos señala la fuga de metano, nos pinta la nube tóxica del volcán, nos revela la respiración envenenada de nuestras ciudades. Es una herramienta que nos permite **leer el aire como un texto desplegado ante nuestros ojos**, y en esas líneas quizá esté escrito nuestro futuro.

3.4. La física de la supervivencia

Imagina una ciudad fantasma congelada en el tiempo. Edificios vacíos, coches oxidados, árboles creciendo torcidos entre las grietas del asfalto. Ese lugar existe y su nombre es Chernóbil. Allí, donde la radiación arrasó lo humano, algo inesperado prospera: unos hongos que se alimentan de la radiación. Sí, seres vivos que, en lugar de morir con el veneno invisible, aprendieron a captar su energía, transformando el bombardeo de partículas en una chispa bioquímica que usan como si fuera energía solar negra. Es una imagen tan desconcertante como fascinante, la vida adaptándose a condiciones que parecerían imposibles.

La supervivencia traducida en un hongo, una mancha negra y peluda en la sombra de una pared de hormigón que recibe una lluvia continua de partículas ionizantes y radiación gamma. Y, contra todo sentido común, ese hongo no solo sobrevive, sino que se expande y se reproduce como si viviera con todas sus condiciones vitales necesarias. ¿Cómo es posible? La respuesta no es biológica, sino física. El secreto está en la melanina, el mismo pigmento que da color a nuestra piel, cabello y ojos. En estos hongos, la melanina actúa como un semiconductor biológico. Cuando una partícula radiactiva de alta energía, como un rayo gamma, impacta contra este pigmento, arranca electrones, creando una corriente eléctrica microscópica. Se cree que el hongo es capaz de canalizar esta energía liberada —esta especie de «electricidad radiactiva»— para alimentar sus reacciones metabólicas. Porque la biología, cuando la miras a través de los ojos de la física, no es más que **manipulación de energía**. La energía puede entrar por vías como la luz visible, el calor o (en ambientes extremos) la radiación ionizante. La clave está en cómo esas células convierten esa energía en trabajo bioquímico.

Ahora cambia por completo de escenario y piensa en otro paisaje extremo donde las reglas las marca otro tipo de fuerza: los glaciares. No son bloques de hielo muertos, son sistemas vivos en constante movimiento, enormes ríos helados que fluyen lentos como si el tiempo estuviera a otra escala. Así como las moscas viven con el «× 2» activado, moviéndose en un mundo acelerado donde cada segundo es un torbellino de vida, y las montañas lo hacen a «× 0,0005», inmóviles a nuestros ojos, pero cambiando sin que lo percibamos a lo largo de milenios, los glaciares habitan un punto intermedio. Desde arriba parecen consistentes y rígidos, pero en realidad son sensibles: adelgazan, se fracturan y hasta «sangran» polvo o sedimentos. En ellos, su comportamiento es como una especie de acelerador de partículas natural que amplifica los cambios del planeta.

Un glaciar se forma cuando, año tras año, la nieve no llega a derretirse del todo. Se acumula, se compacta y el aire queda atrapado en burbujas microscópicas que funcionan como cápsulas del tiempo. Dentro conservan la atmósfera tal y como era hace miles de años. Al perforar el hielo y analizar esas burbujas, podemos leer directamente la «respiración» del planeta en épocas donde aún no existían ni ciudades ni motores.

Es como abrir una nevera milenaria y sacar un pedazo de aire de la época de los faraones.

Pero aquí aparece la parte más sutil y sorprendente. No necesitas viajar a la Antártida o a Groenlandia y escalar hasta la cima de un glaciar para «ver» cómo cambia. Como ya hemos visto, los satélites que miden la gravedad (como GRACE) o los que analizan la luz reflejada (como Sentinel) detectan variaciones mínimas en la masa y el brillo. Cuando un glaciar se derrite, no solo desaparece hielo, la Tierra literalmente pesa menos en ese punto, y eso se nota desde el espacio. Es como si alguien quitara despacio un ladrillo de una balanza cósmica. Como si la Tierra fuera un enorme colchón y, los glaciares, personas que estuvieran de pie sobre él, aplastándolo con su peso. Cuando una de ellas (el glaciar) se acuesta o se va (se derrite), la presión en ese punto específico disminuye y el colchón recupera una forma muy parecida a la original, ya que se reparte el peso uniformemente. Pues los satélites son como unas manos muy sensibles que pasan por encima del colchón y son capaces de detectar ese minúsculo cambio de relieve desde kilómetros de altura.

Pero el hielo no solo se derrite o se mueve, también guarda secretos. Si te dispones a taladrar el suelo antártico, bajo 4 kilómetros de puro hielo, existe un lugar muy extraño: el lago Vostok, una masa de agua líquida sellada del exterior durante más de quince millones de años. Para llegar a él, los científicos rusos perforaron el hielo hasta que, justo antes de que el agua subiera por el conducto, se detuvieron. Dejaron que una pequeña cantidad se congelara en el propio agujero y extrajeron ese hielo para analizarlo. Dentro encontraron ADN desconocido, bacterias que habían evolucionado del todo aisladas del resto de la biosfera y que hasta ese momento no sabíamos que existían.

Bajo tus pies, en un continente que parece muerto, existe un desierto helado en el que hay lagos enteros que laten en la oscuridad, bajo una cúpula congelada tan densa que atrapa burbujas de aire de la época del Imperio romano.

Y lo más asombroso es que la Tierra no es la única que guarda estos secretos. En lunas como Europa o Encélado, bajo kilómetros de hielo, podrían existir océanos idénticos al lago Vostok, llenos de microorganismos que llevan millones de años esperando a que alguien les ponga un estetoscopio y escuche su eco térmico. Así que el hielo, lejos de ser un muro, es una piel que protege el corazón líquido del planeta. Una frontera que no separa y bloquea, sino que paraliza el tiempo y lo conserva.

Y la analogía es brutal: imagina que dejas un vaso con un cubito de hielo. Primero parece estable, sólido, eterno. Pero poco a poco este se hace más pequeño conforme se derrite y al final lo único que queda es un poco de agua en el fondo del vaso. Lo mismo ocurre con los glaciares, solo que a una escala colosal, pero bajo leyes físicas idénticas. Ese hielo que se reconfigura altera sutilmente el equilibrio del planeta: redistribuye masas, modifica la presión que ejercen sobre la corteza terrestre e incluso cambia de forma minúscula el campo gravitatorio local. Es la misma física del cubito derritiéndose en tu vaso, pero aplicada a un sistema tan enorme que la propia Tierra parece reajustar su postura bajo el cambio de peso.

Aquí entra en juego otro detalle increíble: los glaciares también susurran. Sus movimientos generan vibraciones, crujidos, miniterremotos. Los sismómetros instalados cerca de ellos pueden «escuchar» estos ruidos y traducirlos en datos. Cuando una lengua glaciar avanza o se fractura, no lo hace en silencio, sino que suena como un tablón de madera al partirse, pero en una frecuencia que solo los instrumentos preparados para ello pueden captar. Esos microtemblores, esas señales que se lanzan y viajan por la roca hasta llegar a nuestros instrumentos y orejas, se convierten en pistas sobre cuándo un frente va a romperse en bloques y nos permiten anticipar eventos que afectan a puertos, rutas marítimas y costas.

¿Y qué tiene que ver todo esto con los hongos de Chernóbil? La conexión, aunque sorprendente, es profunda y física. Ambos escenarios (el hielo eterno y la radiación letal) son, en esencia, lugares donde flujos de energía radicalmente distintos dictan las reglas de la vida y el comportamiento de la materia. En un caso, el flujo es calor y luz (mientras el hielo se derrite); en el otro, es radiación ionizante que todo lo atraviesa. En ambos, la física dicta quién sobrevive y cómo se adapta. Y en ambos, la vida responde con soluciones inesperadas: hongos que parecen transformar radiación y microbios que viven en grietas dentro del hielo y metabolizan compuestos minerales liberados por el lento movimiento glaciar.

Lo fascinante es que, en el fondo, todo se reduce a lo mismo: energía. La radiación que un hongo aprovecha, el calor que derrite un glaciar, la luz que rebota en el hielo para darnos información desde el espacio. Todo es un flujo de energía que se transforma, se disipa y cambia de forma. Y nosotros, como especie, hemos aprendido a ponerle números, a interpretarlo y (tal vez) a escuchar lo que nos dice antes de que el sistema colapse.

4. COLAPSOS QUE DEJARON HUELLA

«Colapso» no es solo una palabra relacionada con la historia o la arqueología; es un veredicto físico, una sentencia dictada por las mismas leyes que mantienen en órbita los satélites alrededor de un planeta y que hacen que una estrella brille o muera. Ocurre cuando una sociedad, en su ambición y deseo de crecimiento infinito, se olvida de que vive dentro de la pecera, en un sistema cerrado gobernado por principios inmutables: el flujo de energía, la transformación de la materia y el frágil equilibrio de los sistemas complejos. No importa lo alto que construyas tus templos, lo extenso que sea tu comercio o lo ingenioso de tu ingeniería. Cuando violas las leyes termodinámicas (tomas más energía de la que puedes sostener, cuando agotas los recursos más rápido de lo que el entorno puede reponerlos, cuando saturas los sistemas que te sustentan) el resultado es siempre el mismo. Las ecuaciones se cierran. Y el equilibrio se cobra su precio.

A estas leyes no les importan las creencias culturales, ni los reyes, ni los ejércitos. No hacen excepciones por la inteligencia humana ni por la sofisticación tecnológica. Son las mismas leyes que gobiernan el latido de una célula y la rotación de una galaxia, y nosotros, con toda nuestra arrogancia moderna, por mucho conocimiento que adquiramos o por mucho que entendamos a la perfección las reglas del juego, seguimos jugando bajo estas sin poder reescribirlas. La física, en su implacable neutralidad, siempre acaba teniendo la última palabra.

Es importante dar un breve paseo (por pequeño que sea) por los colapsos más fascinantes de la historia, no como tragedias pasadas, sino como experimentos de laboratorio a escala civilizatoria. Porque, en realidad, la historia de los colapsos no es la de los reinos que caen. Es una historia de termodinámica, de entropía, de exceso y de límites. Los antiguos lo vivieron en sus campos y ciudades; nosotros lo vivimos en nuestras redes eléctricas, en nuestros océanos de datos y en nuestros cuerpos. La diferencia es que, entonces, los colapsos eran locales. Hoy, vivimos conectados por cables, satélites y economías que se comportan como un único organismo planetario. Y en un sistema así, cuando una pequeña parte falla, todo tiembla.

4.1. Salinización de suelos en Mesopotamia

Mesopotamia es considerada la cuna de la civilización, el lugar donde el ser humano domesticó los ríos, inventó la escritura y levantó las primeras ciudades. Pero también el escenario de una de las lecciones más brutales de la física aplicada. Su caída no fue producto de una guerra ni de una plaga, sino de un conjunto de errores y, en definitiva, de algo mucho más pequeño, más lento y más implacable que cualquier guerra: la sal.

Imagina los campos de cultivo a orillas del Tigris y del Éufrates. Desde el aire, parecían un milagro de la geometría humana: canales, acequias, compuertas e indicios de presas que convertían el desierto en un jardín. Aquellos ingenieros de hace cinco mil años habían logrado lo impensable: domar el agua. Pero, sin saberlo, también habían firmado su condena, porque toda transformación tiene un coste. Y en física, ningún intercambio es gratuito.

Imagina un río. Desde fuera parece algo simple, agua que baja por un plano inclinado empujada por su propio peso. Pero, en realidad, un río es una corriente de energía en su forma más pura. Cada gota que fluye es una transferencia constante de calor, movimiento y gravedad que se transforma. La energía potencial del agua en las montañas se convierte en energía cinética al descender, y con ella arrastra sedimentos, minerales y vida. En cada curva, el río erosiona una roca (trabajo mecánico), disuelve compuestos (trabajo químico) y transporta nutrientes (trabajo biológico). Cada remolino que se forma en el agua es una pequeña turbina natural. Cada ola, un intercambio de energía entre el viento y el agua. Cada reflejo del sol sobre su superficie es una fracción de radiación absorbida, transformada y liberada. Si pudiéramos verlo con los ojos de la física, un río no sería azul, sino un rodillo de hilos brillante de flujos termodinámicos entrelazados: calor, materia, movimiento, energía en tránsito perpetuo.

Y los mesopotámicos, sin saberlo, habían aprendido a canalizar esa danza. Desviaban el agua de los ríos hacia sus cultivos, un flujo de energía y materia que mantenía viva su civilización. Pero esas aguas, al pasar por rocas y suelos, arrastraban consigo sales minerales disueltas, invisibles pero reales. Bajo el sol abrasador del desierto, el agua se evaporaba. La sal, paciente y silenciosa, se acumulaba. Día tras día, año tras año.

Al principio era apenas perceptible: una fina capa blanquecina en la superficie. Pero con el tiempo, esa costra brillante se volvió más gruesa. La tierra se endureció, se volvió amarga. Las raíces ya no podían absorber el agua, y el trigo (la entrada de energía de toda la civilización) empezó a morir. Lo que los textos antiguos describen como «campos malditos» no eran castigos divinos. Eran procesos termodinámicos inevitables.

El agua, que transporta materia y por tanto energía, acumula sales. Las cálidas temperaturas evaporan el agua en un proceso de transformación y disipación de la energía, y dejan las sales. Cuando la concentración de sal supera el umbral fisiológico de las plantas, el sistema colapsa.

Los mesopotámicos estaban extrayendo energía útil del entorno (energía solar > agua > plantas > alimento), pero sin gestionar el residuo físico inevitable de esa transformación, que en este caso era la sal. Equivalía a aprovechar una batería sin preocuparse por dónde tirar el ácido. Entonces la entropía, el desorden inevitable de todo proceso físico, se acumulaba en sus campos. Y en la física, cuando no se elimina la entropía, el sistema se satura.

El resultado fue devastador. En pocas generaciones, regiones que habían sido fértiles se convirtieron en tierras muertas. Los ríos, sobreexplotados y mal drenados, subieron su nivel freático, empapando los campos con aguas salobres. La producción agrícola se desplomó y con ella, la energía disponible para sostener templos, ejércitos y ciudades.

No fue una maldición, fue una ecuación. No se debió a la cólera de los dioses, sino al precio de ignorar la segunda ley de la termodinámica.

Se habían aferrado tanto a su fuente de energía que no vieron venir su propio límite. Cuanto más dependían de ese sistema, más difícil era detenerlo, hasta que la dependencia se volvió su mayor vulnerabilidad. Y cuando la física marcó el punto de saturación, no hubo forma de dar marcha atrás. En el fondo era un sistema semicerrado, una pequeña pecera dentro de una más grande, donde cada gota evaporada y cada grano de sal depositado cambiaba el balance global.

En cierto modo, Mesopotamia fue la primera civilización en experimentar lo que podríamos llamar el colapso termodinámico de la abundancia, ese instante en el que un sistema parece alcanzar su punto de máxima eficiencia justo antes de desmoronarse. Todo funcionaba demasiado bien... hasta que dejó de hacerlo.

Si hoy pudiéramos observar aquellos campos con los ojos de un satélite GRACE, veríamos un pulso de energía que se apaga, el agua que se desvanece del subsuelo, los flujos naturales que pierden su ritmo. Sería el mismo latido débil que ahora reconocemos en los ecosistemas al límite, una firma física que atraviesa los milenios para recordarnos que incluso las civilizaciones más avanzadas siguen siendo sistemas con fecha de caducidad.

Mesopotamia no cayó por falta de ingenio, sino por exceso de confianza. Y la sal que aún brilla en sus desiertos es, quizá, la huella más pura de una lección física que nunca deja de repetirse: **la energía fluye, la materia se acumula y la entropía, tarde o temprano, siempre presenta la factura**.

4.2. Sequías ingestionables en el territorio maya

Los mayas fueron una de las civilizaciones más brillantes que han existido. Levantaron ciudades monumentales en medio de la selva, sin ruedas ni animales de carga, midieron con precisión los ciclos de Venus y calcularon eclipses con siglos de antelación. Pero su desaparición repentina sigue siendo uno de los mayores misterios de la arqueología. Y, como ocurre con casi todos los misterios humanos, la física tiene algo que decir al respecto.

El colapso maya no fue un derrumbe súbito, no desaparecieron de la noche a la mañana, sino por un agotamiento progresivo de los flujos naturales que sostenían su mundo. A la civilización maya no la destruyó un ejército extranjero, ni una enfermedad, ni una rebelión. Lo hizo algo mucho más silencioso, invisible a simple vista, pero devastador: el agua que dejó de caer del cielo.

Imagina por un momento que este ciclo se detuviera. Que el agua no solo dejara de caer del cielo, sino que desapareciera de la ecuación por completo. Sin evaporación, no habría nubes; sin nubes, el sol golpearía un suelo cada vez más seco y estéril. Ese café mañanero, la pasta que hierves en la olla, la fruta que pelas o la ducha que te despierta... Todo se esfumaría. Nuestros cultivos no son más que fábricas que transforman agua y luz solar en comida. Sin el primer ingrediente, la segunda solo serviría para calentar un planeta vacío. La civilización maya se enfrentó a esa realidad física: cuando el agua deja de moverse, todo lo demás se detiene con ella.

Imagina las vastas llanuras y montañas de la península de Yucatán, cubiertas de jungla densa y húmeda. Desde el aire, parecían un tapiz infinito de verde, sin embargo, debajo de esa vegetación exuberante no había ríos superficiales. El agua circulaba bajo tierra, en un laberinto de cuevas y cenotes, como venas líquidas escondidas. Los mayas dependían completamente de ese sistema subterráneo. Sin lluvia, los depósitos no se recargaban; sin recarga, el sistema entero se secaba. Era un equilibrio delicado, un circuito cerrado de materia y energía como una pecera natural, donde el agua era la moneda que mantenía todo en marcha.

Durante siglos, los mayas domesticaron esa fragilidad con una precisión admirable. Construyeron cisternas, embalses y canales para almacenar cada gota. Aprendieron a leer el cielo con una devoción casi científica. Pero en algún momento, el ciclo se rompió. Las lluvias, que seguían patrones regulares dictados por la oscilación del Caribe y el Pacífico, comenzaron a fallar. Primero una estación débil, luego otra. Hasta que, en pocas generaciones, el agua dejó de llegar de donde debería.

Para la física, una sequía es simplemente el motor hidráulico del planeta atascándose. Hay que pensarlo de esta manera: el Sol calienta la superficie del planeta y el agua se lanza hacia el cielo como un ejército de partículas rebeldes y vibrantes; el aire las atrapa, asciende y, al enfriarse, las devuelve y las deja caer en un abrazo líquido. Es una máquina perfecta de reciclaje cósmico que ha funcionado durante mil millones de años: un sistema de rendimiento casi perfecto. Pero basta con que un solo engranaje falle (que los océanos cambien su ritmo, que la atmósfera altere su presión...) para que toda la coreografía se desmorone y el grifo celestial se cierre.

Los mayas estaban atrapados dentro de ese sistema físico sin saberlo. Su civilización era, en términos termodinámicos, una máquina impulsada por el agua. Cada templo, cada cosecha de maíz, cada hogar, dependía de que la atmósfera realizara su ciclo con precisión milimétrica. Pero cuando la entrada de energía (en forma de lluvia) se redujo, la maquinaria empezó a fallar.

Al principio, las señales fueron sutiles: los niveles de los cenotes bajaban, los pozos tardaban más en llenarse y los cultivos necesitaban más esfuerzo para sobrevivir. Pero pronto, algo empezó a «chirriar» en el engranaje invisible de la civilización. Los templos se quedaban sin ofrendas, los estanques se agrietaban como piel reseca y los calendarios del cielo (tan precisos como relojes) ya no coincidían con las lluvias. Luego, las ciudades más densas (conocidas como Tikal, Copán y Palenque), que habían brillado durante siglos como joyas de piedra entre la selva, empezaron a palidecer bajo el sol. Las cosechas fallaban, los depósitos se vaciaban y la energía vital del sistema (su gente) se apagaba poco a poco.

Figura 14. Ruinas de la antigua ciudad maya de Tikal.

Si hoy pudiéramos observar el territorio maya desde el espacio, no veríamos una catástrofe repentina, sino un suspiro que se apaga lentamente. Los satélites GRACE mostrarían el pulso del agua subterránea desvaneciéndose año tras año; los sensores de TROPOMI dibujarían una atmósfera cada vez más transparente, demasiado limpia, sin el vapor que antes respiraba la selva. El sistema, igual que una melodía que pierde ritmo, había pasado de ser un ciclo vibrante a un eco que se diluye.

El calor, en cambio, permaneció. El Sol no dejaba de derramar su energía sobre la piedra y el suelo de la selva, pero sin agua que la absorbiera, esa energía no encontraba a dónde ir. Se acumulaba, como una olla sin válvula de escape, aumentando la presión dentro de ella sin forma de salir... El aire se espesaba, el suelo se resquebrajaba, y cada roca parecía hervir desde dentro. Y todo esto no era nada más que la entropía tomando forma; lo que antes era orden y estructura pasaba a desmoronarse, y no en el caos visible, sino en millones de fotones atrapados sin propósito.

Las ciudades mayas, construidas con piedra caliza, absorbían ese calor de más y se convirtieron en radiadores colosales. El mismo Sol que antes alimentaba el ciclo del agua ahora recalentaba sus templos. Las reservas se evaporaban, las cisternas se transformaban en trampas de vapor... Era como si el propio motor que movía el sistema (ese delicado engranaje entre agua, aire y calor) hubiera perdido su lubricante por completo. Y como cualquier motor que gira sin él, empezó a chirriar, a sobrecalentarse y, finalmente, a detenerse.

Y ahí está la paradoja física del colapso maya: una civilización rodeada de humedad, pero sedienta e incapaz de beberla. No porque les faltara inteligencia o tecnología, sino porque el sistema en el que vivían había entrado en una fase crítica. Era como vivir dentro de una pecera perfectamente transparente, pero vacía y sin oxígeno. Todo seguía en su sitio, pero el ciclo ya no respiraba.

Hay estudios modernos de la laguna Chichankanab que revelan una especie de diario mineral del desastre. Pero en lugar de con letras, está escrito en capas. Cada franja de yeso, formada cuando el agua se evapora en exceso, es una línea escrita por el calor. No es arqueología; es física narrando una historia. Una crónica de un cielo al que se le olvidó llover.

Al final, los mayas intentaron adaptarse. Cambiaron cultivos, movieron asentamientos, incluso modificaron sus rituales para atraer la lluvia, buscando sincronizarse de nuevo con un cielo que ya no les respondía. Pero la física no negocia. El flujo de energía del sistema había caído por debajo del umbral necesario para mantenerlo estable. Y, como ocurre en cualquier sistema cerrado, cuando la entrada de energía es menor que la de salida (de la misma manera que los pulmones del autobús no podían respirar con tanta persona), el colapso es cuestión de tiempo.

Los mayas fueron, sin saberlo, los primeros en vivir una crisis de respiración planetaria: el diálogo entre el cielo, la tierra y el agua se quedó sin voz. El Sol seguía brillando con fuerza, pero el ciclo que repartía su energía se había roto. Era como si el mundo siguiera comiendo, pero a ellos se les hubiera olvidado cómo digerir.

Si Mesopotamia se ahogó en su propia sal, los mayas murieron de sed bajo un cielo saturado de humedad, rodeados de nubes que ya no sabían llover. Su tragedia no fue moral ni mística, fue una ecuación que dejó de resolverse, un sistema que se quedó sin flujo.

Y ahí está su enseñanza más poderosa: todo lo que fluye vive. Una civilización, un bosque o incluso una red digital solo existen mientras la energía y la materia sigan circulando. Cuando el equilibrio se detiene, lo que parecía eterno no estalla…, se desvanece, como la niebla matutina que se disuelve al amanecer. Incluso las estrellas, que parecen inmortales, mueren por la misma razón, cuando dejan de fusionar su combustible, la energía en su interior deja de fluir y el brillo empieza a desaparecer. En la Tierra, como en el cosmos, la vida no se apaga por falta de fe, sino por falta de flujo.

5. EFECTOS EN CADENA: LO QUE NO SABEMOS QUE NOS ENFERMA

Todo empieza con algo invisible. Una partícula que flota en el aire, un compuesto químico inodoro, una radiación silenciosa que atraviesa las paredes. No hace ruido, no tiene color, y sin embargo cambia la forma en que nuestro cuerpo respira, piensa o envejece. La física tiene un término para esto: interacción. Cada átomo, cada molécula, cada cuerpo vivo está en constante diálogo con su entorno. Y como ya decía Paracelso hace quinientos años, todo depende de la dosis: incluso el agua, fuente de vida, puede matarte si bebes demasiada; y la radiación del Sol, que nos permite existir, puede quemarnos si la recibimos sin límite. Lo que nos da vida también puede dañarnos si el equilibrio se rompe.

Respiramos unas veinte mil veces al día, y cada inhalación es un experimento físico. Una mezcla compleja de gases entra en los pulmones, se calienta, cambia de presión, se combina con vapor de agua y sale convertida en otra cosa. Pero ¿qué pasa cuando ese aire lleva consigo micropartículas de plástico, aerosoles de nitrógeno o nanopartículas metálicas suspendidas? Lo que antes era un intercambio equilibrado de energía y materia se convierte en una invasión molecular. Cada célula de nuestro cuerpo es como una minipecera dentro de otra: un sistema cerrado que intercambia energía con el exterior. Cuando el flujo es limpio, el sistema prospera; cuando se enturbia, el equilibrio se rompe. Lo curioso —y lo inquietante— es que ese proceso no ocurre solo en nuestros cuerpos, sino también en el planeta entero. Somos un reflejo biológico de las mismas leyes que rigen la atmósfera.

Piénsalo: un aumento en la concentración de dióxido de carbono altera el balance energético global, del mismo modo que un exceso de cortisol altera el equilibrio químico de tu cerebro. La Tierra y el cuerpo humano funcionan bajo las mismas ecuaciones: demasiada energía acumulada en un sistema cerrado genera caos, estrés, entropía. No es cuestión de ecología, sino de física pura; cuando el flujo se interrumpe, el sistema acumula calor, tensión y desorden, igual que un motor que sigue encendido sin ventilación; o como una orquesta sin director que empieza a desafinar. El sistema se olvida de cómo respirar.

Lo más fascinante —y aterrador— es que muchas de las enfermedades modernas no nacen de virus o bacterias, sino, de nuevo, de microdesajustes en esos flujos invisibles. Dormimos poco, nos movemos menos, respiramos un aire más denso y comemos alimentos cada vez más refinados, es decir, con menos energía útil por unidad de materia. Nuestro cuerpo funciona como una máquina térmica de precisión, pero la estamos alimentando con combustible de mala calidad.

La física lo explicaría así: un colibrí batiendo sus alas transforma azúcar en movimiento puro, energía química convertida en vibración visible; igual que nosotros transformamos el alimento en pensamiento, calor y acción. Pero si la entrada (nutrientes, luz, descanso, aire) es deficiente, la salida (salud, concentración, equilibrio) se degrada sin remedio. Es el principio universal de todo sistema cerrado: basura dentro, basura fuera.

Imagina un vaso de agua perfectamente limpia. Si le añades solo una gota de mercurio o menos de una décima de gramo de sal de plomo, el líquido sigue pareciendo claro, pero ya no podrías beberlo sin riesgo. La pureza óptica te engañaría, pero la física no. En nuestro cuerpo ocurre lo mismo: basta una mínima alteración en el flujo de energía (un exceso, una carencia o una interferencia) para que todo el sistema empiece a desviarse de su equilibrio natural.

A veces olvidamos que las fronteras entre la biología y la tecnología se han desdibujado. Vivimos dentro de un océano de ondas: microondas, radiofrecuencias, wifi, bluetooth, 4G, 5G..., incluso los campos eléctricos de los electrodomésticos. Estemos donde estemos —en una montaña, en el metro o dentro de un avión—, siempre nadamos entre partículas y fotones que nos atraviesan sin que los veamos. Somos habitantes permanentes de una tormenta invisible. Y no se trata de tenerle miedo. Cada campo electromagnético que cruza un cuerpo biológico induce una pequeña perturbación en sus electrones. La mayoría son insignificantes, pero la acumulación de millones de estas interacciones a lo largo de los años podría alterar patrones naturales: el sueño, la regeneración celular, incluso los impulsos eléctricos del corazón.

La radiación solar, por ejemplo, es la base de toda la vida, pero en exceso quema; los rayos X permitieron ver dentro del cuerpo, pero también dañan el ADN; la resonancia magnética es un milagro médico, aunque funciona agitando protones a velocidades vertiginosas dentro de nuestro propio tejido. Cada avance tecnológico, al final, es una nueva forma de manipular los flujos invisibles que ya estaban ahí para podernos ofrecer cosas inimaginables.

La historia moderna está llena de ejemplos que comenzaron como prodigios y terminaron como advertencias. El plomo en la gasolina durante décadas mejoró los motores, pero envenenó ciudades enteras, ya que los átomos de plomo no se degradan y se acumulaban en el aire y en la sangre; el amianto (el «material indestructible») en los tejados con sus fibras compuestas por cadenas de silicato muy estables a nivel atómico, lo que les permitía resistir la descomposición biológica, pero también, cuando se alojaban en los pulmones, se mantenían inmutables, alterando el flujo normal de oxígeno; los rayos X usados como entretenimiento en ferias, antes de entender su poder ionizante, o el DDT, aquel pesticida milagroso que prometía acabar con las plagas y que terminó infiltrándose en la leche materna. Cada vez la lección fue la misma: no hay milagro sin coste energético. Todo lo que amplifica nuestro poder redistribuye la energía de maneras que no siempre comprendemos. Lo que no vemos, con el tiempo, nos enferma.

Un ejemplo casi poético está ocurriendo ahora mismo, dentro de nuestros propios cuerpos: microplásticos que ya se han detectado en la sangre humana, en la placenta, incluso en los pulmones. Pequeñas esferas que viajan con el aire rebotan en las paredes de las arterias y alteran la forma en que los tejidos se oxigenan. Somos la primera especie capaz de producir sus propios contaminantes y, al mismo tiempo, de incorporarlos en su biología. La física lo resumiría sin drama: la materia nunca desaparece, solo cambia de lugar. En este caso, ha pasado del océano a nosotros.

Y luego están los mosquitos. Esos diminutos vectores son como experimentos ambulantes de termodinámica biológica. Detectan y siguen los flujos de calor y dióxido de carbono de nuestros cuerpos como si fueran radares. Su vuelo es una danza precisa con las moléculas del aire: un equilibrio entre corrientes, presión y temperatura. Pero cuando el clima cambia o los ecosistemas se alteran, su mapa térmico se desordena, y su rango de acción se expande, ya que mejoran sus condiciones óptimas de vida. Cada mosquito fuera de su hábitat natural es un síntoma del desequilibrio energético global, algo que además aumenta muchísimo la transmisión de enfermedades.

6. CONCLUSIONES

Cuando un planeta colapsa, no lo hace con un gran estruendo, sino en silencio. Primero se detienen las corrientes, luego el aire deja de moverse como antes y, poco a poco, todo empieza a perder ritmo. Si lo piensas, nosotros funcionamos igual. No enfermamos de golpe, sino por pequeñas desconexiones: dormimos peor, respiramos peor, comemos con prisa, y el cuerpo empieza a perder su compás natural. Durante siglos creímos que la salud era un tema médico, pero en realidad es algo más elemental, se trata de mantener la armonía de un sistema que necesita moverse, intercambiar, adaptarse.

Cuando un planeta se recalienta, no se derrite solo por el Sol, sino porque ya no sabe cómo enfriarse. Nuestro cuerpo, atrapado en un ritmo constante de pantallas, ruido y estrés, sufre el mismo destino. No encuentra pausas para liberar la tensión acumulada. Y entonces llega el colapso, discreto pero implacable: fatiga, ansiedad, enfermedades silenciosas. Es física con piel humana. Si un sistema no puede liberar lo que acumula, se agrieta desde dentro, igual que un lago que se seca no por falta de agua, sino porque se ha quedado sin cauces por los que fluir.

Tal vez el reto de nuestra época no sea conquistar Marte, sino redescubrir la Tierra. No va de huir de este planeta, sino de comprenderlo con la misma fascinación con la que miramos las estrellas. Hemos aprendido a escuchar su respiración, a medir su pulso, a traducir sus susurros en ecuaciones. Pero quizá, en ese proceso, también estemos preparándonos para el siguiente paso. Porque entender cómo funciona nuestro pequeño mundo es el primer requisito para aventurarnos a construir otro. La física que explica por qué un ecosistema colapsa es la misma que nos permitirá diseñar uno fuera de la atmósfera. Solo cuando sepamos mantener viva nuestra pecera, podremos atrevernos a fabricar una nueva en el vacío del espacio. Y ahí empieza la siguiente historia: la de cómo escapar del nido azul que nos vio nacer y aprender, por primera vez, a vivir fuera de la Tierra.

II

VIVIR FUERA
DE LA TIERRA

1. COLONIZACIÓN ESPACIAL: FÍSICA PARA ESCAPAR DEL NIDO

Durante miles de años, todo lo que hemos conocido (cada átomo de aire que hemos respirado, cada grano de arena, cada mirada al cielo) ha ocurrido dentro de una misma cúpula azul: la pecera planetaria a la que llamamos hogar. Pero ahora, por primera vez en la historia, esa pecera empieza a quedársenos pequeña. Hemos aprendido a medir los latidos de la Tierra, a detectar el pulso químico del aire, a entender que somos un sistema más dentro de un equilibrio mayor. Y cuando un sistema crece demasiado, llega el momento inevitable de mudarse.

Salir del nido nunca es sencillo. Requiere desapego, riesgo y una dosis enorme de curiosidad. No se trata solo de mirar hacia arriba, sino de entender que fuera de nuestra cuna, el universo también está lleno de física: radiación, vacío, temperaturas imposibles, fuerzas que podrían destrozar una nave en cuestión de milisegundos... o mantenerla en vuelo durante siglos. Irse de casa e independizarse, en este contexto, significa reaprender las reglas que aquí dábamos por sentadas: el calor, la presión, la gravedad, el aire. Todo lo que tus padres te acostumbraron a tener hecho, como cocinar o lavarte la ropa, ahora debes aprender a hacerlo por ti solo. No obstante, ya no es la casa de tus padres, ni una que te hayas comprado, vives a cientos y cientos de miles de kilómetros de cualquier otro ser humano y no tienes nada más que lo que has podido meter en una maleta. Todo lo que aquí es cotidiano allá es lujo.

Cada intento de colonizar otro mundo es, en el fondo, un experimento termodinámico monumental. Significa trasladar la burbuja estable que nos mantiene con vida y hacerla funcionar en un entorno hostil. Es el acto más ambicioso que una especie puede llevar a cabo. Porque para sobrevivir fuera del planeta no basta con entender cómo funciona la gravedad y, basándose en eso, cómo ir en su contra para escapar del planeta; también necesitamos entender profundamente de qué está hecha la vida y qué necesita para persistir.

Marte, Europa, Titán, los asteroides... son los nuevos territorios de una física aplicada a la supervivencia. Allí, donde no hay aire que respirar ni agua que fluya, el desafío no es solo llegar, sino mantener la llama encendida, es decir, descubrir cómo generar energía, cultivar oxígeno o reciclar cada molécula. Es la versión cósmica de aprender a vivir con lo justo, como si la casa a la que te mudaras no tuviese ventanas y te vieras obligado a inventar la luz desde cero.

Y, sin embargo, hay algo muy humano en esta idea. Así como las aves abandonan el nido empujadas por un impulso que no comprenden del todo, nosotros también sentimos esa llamada. Sabemos que tarde o temprano tendremos que mirar más allá del suelo que pisamos, levantar la cabeza. Quizá porque intuimos que cada civilización tiene su límite físico y que el siguiente paso lógico no es resistirse, sino expandirse.

La Tierra ha sido nuestro laboratorio y nuestro hogar. Pero toda cuna, por definición, está destinada a quedarse vacía. El nido no se fabricó con la intención de hospedar, sino para aprender a volar. Fue diseñado no para retener, sino para dejar escapar a aquellos que crecieron dentro de él. Y si queremos seguir existiendo, tendremos que aprender la física de vivir fuera de él.

1.1. Estamos solos

Todos los elementos del universo están muy lejos entre sí. Si dibujaras un mapa del cosmos a escala humana, no verías un universo lleno de planetas, sino de pausas. Silencios. Espacios entre cosas. Distancias tan enormes que, aunque viajáramos a la velocidad de la luz, necesitaríamos miles y miles de vidas humanas para llegar a la esquina más cercana. Y, sin embargo, aquí estamos, una especie que ya ha puesto los ojos en mudarse.

Nos hemos pasado miles de años construyendo paredes, ciudades, civilizaciones enteras... solo para descubrir que nuestra casa, la Tierra, flota prácticamente sola en mitad de una nada casi infinita. Para descubrir que nosotros solo somos un átomo dentro de una molécula, dentro de una lágrima de agua, dentro de una corriente, dentro de una pecera inmensa de gotas separadas por kilómetros y kilómetros entre sí. Y ahora, después de haber aprendido a entender las reglas del juego y el manual de instrucciones de esta pecera cósmica, empezamos a mirar el cristal y a pensar: ¿y si hubiera otra pecera al otro lado?, ¿llegaríamos alguna vez al borde?, ¿hay borde?, ¿o solo más espacio, más vacío, más silencio?, ¿cuánto es «lejos» cuando lo medimos en años luz y no en pasos?

No se trata de ciencia ficción, sino de física aplicada al deseo de seguir existiendo. Cuando levantamos la vista al cielo, lo que vemos no son luces, sino historias que ya ocurrieron. Cada estrella es una carta que nos llega con miles de años de retraso. Si miras la luz de Sirio, estás viendo su pasado; si observas la de Próxima Centauri, la más cercana, esa luz salió de allí hace más de cuatro años. Aquí es donde todo se vuelve bastante extraño. Porque esa luz que viaja tan rápido, a casi trescientos mil kilómetros por segundo, parece imparable... pero, a escala cósmica, es desesperantemente lenta.

Si pudieras subirte a un rayo de luz, darías siete vueltas completas a la Tierra en un segundo. Nada en nuestro planeta se mueve más rápido; ningún coche, avión o cohete podría siquiera rozar su sombra. Pero en el lenguaje del cosmos, esa velocidad equivale casi al movimiento de una tortuga. La luz del Sol tarda ocho minutos en llegar hasta nosotros, la de Neptuno más de cuatro horas y la de la estrella más próxima... cuatro años. Cuatro años viajando a **la velocidad máxima que permite el universo**, sin pausas, sin descanso. Si en lugar de luz enviáramos un mensaje, una nave o una simple idea a esa misma velocidad, tardaría lo mismo. Es como si el universo nos dijera: «Podéis mirar todo lo que queráis, pero acercaros será otra historia». Esa es la paradoja: la velocidad de la luz es infinita para nosotros, pero ridícula para el universo. Es el límite físico definitivo, la barrera de velocidad que ninguna materia puede romper.

Y lo más fascinante: ese límite no solo marca hasta dónde podemos ir, sino cuándo podemos mirar. Porque la luz no solo viaja en el espacio, también lo hace en el tiempo. Cada estrella que ves es un fósil luminoso, su brillo nos muestra cómo era, no cómo es. Cuanto más lejos miramos, más atrás viajamos en la historia del cosmos. Porque el universo, en realidad, es un museo de pasados que siguen llegando en diferido.

Y lo fascinante es que, entre todo ese brillo antiguo, hemos empezado a descubrir miles de mundos nuevos llamados exoplanetas. Algunos gigantes y gaseosos, otros rocosos, otros bañados en océanos de metano. En el momento actual, hay 6.024 confirmados, y muchos orbitan en lo que llamamos «zona habitable», ni tan cerca de su estrella como para hervir, ni tan lejos como para congelarse.

Encontrarlos no es fácil. No podemos verlos directamente porque si intentamos hacer una foto, la luz del planeta se pierde en el resplandor de sus estrellas. Así que los descubrimos de forma indirecta, con técnicas de precisión casi poética. A veces medimos un leve «tambaleo» gravitacional en la estrella, como si algo invisible la moviera de un lado a otro. Este es el efecto Doppler, la huella gravitacional que acompaña a un planeta. Así como la gravedad del Sol tira de nosotros,

Figura 15. Estrella HD 26676, fotografiada por el Digitized Sky Survey.

nosotros también tiramos de él y, aunque sea poco, el Sol nos nota y ese leve movimiento, por métrico que sea, hemos aprendido a medirlo desde distancias espeluznantes. Otras veces, observamos una minúscula bajada de brillo (una sombra diminuta) cuando el planeta pasa por delante, lo que conocemos como un tránsito. El momento exacto en el que el exoplaneta cruza justo por delante de la estrella hace que la luz que nos llega sea un poco menor. Se trata de un eclipse a escala atómica que, sin embargo, revela un mundo entero.

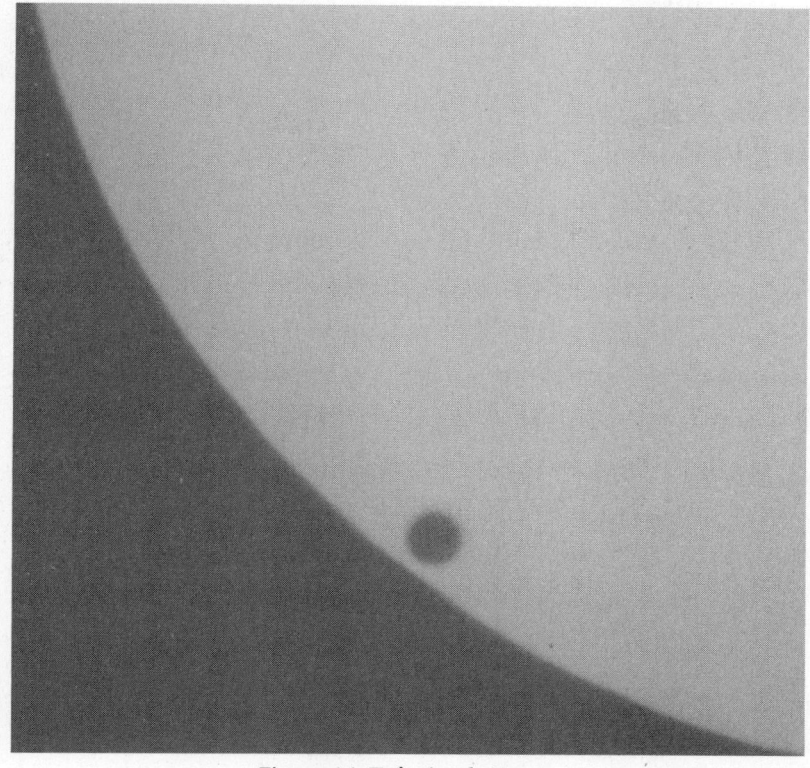

Figura 16. Tránsito de Venus.

Hoy podemos detectar variaciones en la velocidad de una estrella de apenas un metro por segundo, lo justo para que un planeta del tamaño de la Tierra delate su existencia. Lo hacemos mirando líneas espectrales, huellas de colores que se desplazan en el tiempo, como si la luz respirara. Miles de observaciones, miles de datos, para confirmar que sí: ahí hay un planeta.

Y los hay de todo tipo. Algunos tienen años de 4,3 horas; otros, de más de 800 años. Los más pequeños tienen un tercio de la masa terrestre; los mayores, cuatro mil veces más. Algunos giran en torno a dos soles, como si vivieran en una película de ciencia ficción, y otros no tienen ninguno y vagan a la deriva por el vacío como planetas huérfanos que perdieron su estrella.

Pero lo más revelador es que la mitad de las estrellas del universo tienen planetas. ¡La mitad! Y, según la estadística, eso significa miles de millones de mundos que podrían albergar vida. Y, sin embargo…, ninguno se parece a la Tierra.

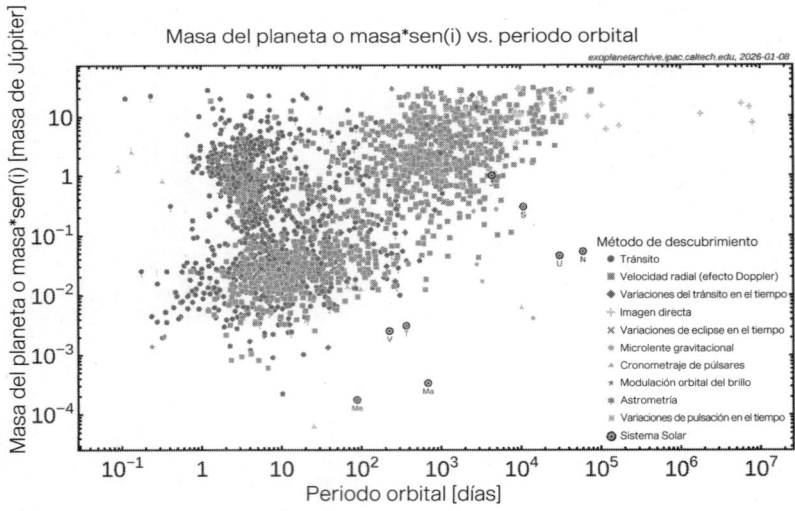

Figura 17. Relación entre la masa de los exoplanetas y su periodo orbital.

Esta imagen es una de las más tenebrosas que ha elaborado el ser humano. Es un gráfico astronómico que representa la masa de exoplanetas frente a su periodo orbital, junto con los planetas del sistema solar, entre ellos la Tierra. Y, si nos fijamos, muestra un vacío ominoso en la esquina inferior derecha (planetas masivos con órbitas largas que no existen). En cambio, la multitud de puntos que se agolpan como espectros en la parte izquierda revela que la mayoría de los mundos descubiertos son gigantes cercanos a su estrella, un recordatorio de que el universo está plagado de monstruos gigantes gaseosos abrasándose en órbitas ultrafinas, mundos compactos en espacios infernales. Donde esperaríamos ver un punto que delate un hogar solo hay vacío estadístico.

No hay ninguna Tierra ahí fuera. ¿Hemos descubierto que somos únicos? Pues tal vez no, necesitamos datos más precisos para confirmarlo. Es casi seguro que tiene que haber, pero queremos creer que aún no los sabemos ver. De momento, la verdadera soledad, por ahora, es la de nuestra propia ceguera.

Así que no, todavía no hemos encontrado una «nueva casa». Ni un solo planeta idéntico a este oasis improbable donde todo encaja por casualidad. Quizá no haya otro igual. O puede que sí, pero que esté tan lejos que nunca podamos visitarlo.

Próxima Centauri, por ejemplo, tiene su propio sistema planetario. Y, aun así, aunque esté a solo 4,24 años luz, la excursión más rápida hacia allí (usando la nave más veloz jamás creada por el ser humano) duraría setenta y cinco mil años. Es decir, lo bastante como para que toda nuestra historia registrada quede obsoleta antes de llegar.

Viajar más allá del sistema solar es tan difícil que ni siquiera la ciencia ficción se atreve a resolverlo sin trampas. Motores de fusión, velas solares, agujeros de gusano..., todos son sueños hermosos, pero la física no los firma. La velocidad de la luz no se negocia, es el límite impuesto por el universo, el recordatorio de que seguimos confinados en nuestro pequeño barrio cósmico. Así que, por ahora, mudarse fuera del sistema solar no es una opción. El espacio es grande, y nosotros somos lentos.

Por eso, antes de pensar en otros soles, miramos al **planeta rojo**, nuestro vecino inmediato, un viejo conocido que, con todos sus defectos, es el único que parece estar dentro de la distancia de reparto.

1.2. La mudanza y la vida en Marte

Marte es lo más cercano que tenemos a un nuevo hogar…, aunque sería uno bastante incómodo.

Allí, el amanecer es tenue, casi apagado, como si el Sol se hubiera cansado de brillar del todo. La atmósfera es tan delgada que ni siquiera podrías oír bien tu propia voz, ya que eso provoca que las ondas de sonido apenas se propaguen. Si salieras sin protección, morirías en menos de un minuto, no por falta de oxígeno, sino porque **tu sangre herviría**, debido a que la presión es tan baja que los líquidos simplemente no pueden permanecer en su estado original.

Y, sin embargo, hemos enviado sondas, róvers, drones que vuelan entre polvos oxidados. Hay huellas de neumáticos humanos sobre otro planeta. Hemos escuchado el viento marciano con micrófonos, medido su temperatura y hasta hecho selfis con robots que tienen más paciencia que cualquiera de nosotros. Así que la pregunta ya no es si podemos **llegar** a Marte, porque eso ya lo hemos comprobado, sino si podemos **quedarnos**.

Mudarse a Marte no es solo un desafío tecnológico, es una batalla contra las leyes más básicas del universo.

Para escapar del nido, primero hay que vencer la gravedad. Lanzar un kilo de masa al espacio desde la Tierra cuesta unos **treinta millones de julios de energía**, el equivalente a quemar tres litros de gasolina por cada kilo. Así que cada botella de agua, cada tornillo, cada bolsa de oxígeno que llevemos al espacio conlleva un precio energético y, por tanto, económico descomunal.

Por eso, en física espacial, el verbo «ahorrar» no es una opción, sino una obligación. Si queremos colonizar Marte, necesitamos aprender a **vivir de los recursos locales,** no de los que llevemos con nosotros. Tenemos que adaptarnos lo suficiente como para no necesitar viajar con comida para cinco años, sino aprender a generar alimento allí, por ejemplo.

Los ingenieros lo llaman In-Situ Resource Utilization (ISRU), es decir, usar lo que ya está ahí. Y Marte, pese a su aspecto desértico, tiene bastante que ofrecer. Bajo su superficie hay **agua congelada**, suficiente para abastecer una base humana durante siglos si aprendemos a extraerla. Su atmósfera, aunque fina, está compuesta en un **95 % de dióxido de carbono**, que puede transformarse mediante procesos químicos (como la electrólisis o la reacción de Sabatier) en **oxígeno** y **combustible**, cosa que sería ideal.

Figura 18. Imagen de la superficie de Marte.

Por todo esto, en teoría, Marte podría abastecer a sus propios colonos. La pregunta es si sabremos hacerlo sin romper su equilibrio físico, como ya hicimos aquí.

Todos estos desafíos se llevan estudiando muchos años y se intentan encontrar maneras de resolverlos primero aquí, en la Tierra, para luego poderlos aplicar a las situaciones extremas que nos encontremos en Marte. Pero obviemos todo esto por un momento. Imagina que ya hemos llegado, que te despiertas tras las doce horas y media de la noche marciana (casi igual que la terrestre). El amanecer tiene un tono azul en el horizonte, el polvo fino dispersa la luz de manera distinta a como lo hace nuestra atmósfera. El cielo, durante el día, no es azul, sino de un **naranja oxidado**.

La gravedad es un tercio de la terrestre, así que cada paso parece un pequeño salto a cámara lenta. Tus músculos se alegran al principio, pero con los meses empezarán a quejarse, pues en esa baja gravedad tus huesos se descalcifican, el corazón se debilita y los fluidos de tu cuerpo se redistribuyen. La fisiología humana es un experimento terrestre que fuera de aquí se descompone poco a poco. Y por eso deberías hacer ejercicio todos los días, no solo para mantenerte en forma, sino para recordarles a tus huesos y a tu corazón que aún vives bajo el tirón de la Tierra.

Vivir en Marte sería, por tanto, **vivir en una terapia constante**. Los trajes presurizados serían como tu segunda piel, las viviendas equivaldrían a cápsulas herméticas excavadas bajo tierra (para evitar el problema de la radiación), y cada bocanada de aire sería un lujo cuidadosamente reciclado.

El tiempo también cambiaría, ya que un día marciano, un «sol», dura 24 horas y 39 minutos. Casi lo mismo que en la Tierra. Pero el año es más largo y tiene 687 días. Eso se traduce en inviernos de medio año y tormentas de polvo que pueden envolver todo el planeta durante semanas, bloqueando el Sol y sumiendo las bases humanas en la penumbra.

Marte no es hostil por maldad; es hostil por naturaleza. No tiene campo magnético, y su atmósfera es cien veces más delgada que la nuestra. Cada partícula de radiación solar llega sin filtro, atraviesa el aire y golpea las células de tu piel. Un año allí equivaldría, en dosis de radiación, a decenas de radiografías de tórax. Y, aun así, no hay escasez de voluntarios. Porque Marte ofrece algo que ningún otro lugar puede: **una nueva página en blanco**.

Mudarse a otro planeta no solo es un acto de ingeniería, también de **psicología colectiva**. En la Tierra, puedes mirar por la ventana y ver vida: árboles, pájaros, nubes. En Marte, mirarías y verías muerte. Todo lo que hay fuera quiere matarte, y puede hacerlo sin esfuerzo: el aire es veneno, el frío congela en segundos y una simple grieta en el casco bastaría para que tu sangre hierva. Y también estarías casi aislado de los humanos que dejaras en la Tierra. Para enviar o recibir un mensaje cuando la Tierra y Marte están más cerca (56 millones de kilómetros), el mensaje tardaría de 3 a 4 minutos en llegar. Y cuando están en puntos opuestos de sus órbitas y más lejos entre sí (400 millones de kilómetros), el retraso sería de 22 minutos en cada mensaje, y días enteros sin noticias si una tormenta interrumpe la señal.

Es un experimento social sin precedentes. No habría escapatoria, ni paseo improvisado, ni ayuda externa inmediata. Marte obligaría a redefinir lo que significa comunidad, cooperación y, sobre todo, **soledad**. Quizá, al vivir allí, los humanos redescubriríamos el valor de las pequeñas cosas: el agua que no se congela, el aire que no se escapa, la luz solar que no hay que filtrar. Tal vez volveríamos a mirar el azul de la Tierra con la devoción que antes reservábamos a los dioses.

Algunos científicos, para poner solución a tantos desafíos, proponen la idea ambiciosa de **terraformar Marte**. Convertirlo, poco a poco, en un mundo habitable, cálido, con agua líquida y una atmósfera respirable.

En teoría, bastaría con liberar el dióxido de carbono atrapado en sus casquetes polares para espesar la atmósfera y calentar el planeta mediante el efecto invernadero. Cosa que, por lo que hemos visto, no se nos da nada mal. En la práctica, no tenemos ni la energía ni el tiempo para hacerlo. Harían falta siglos y cantidades de energía equivalentes a todos los reactores nucleares de la Tierra funcionando a pleno rendimiento durante generaciones, solo para elevar unos pocos grados la temperatura media.

Algunos cálculos sugieren incluso usar bombas nucleares sobre los polos marcianos, para vaporizar el hielo y liberar el dióxido de carbono de golpe, como si el planeta entero fuera una olla a presión lista para despertar. Pero ni así bastaría, pues el gas se disiparía rápidamente al espacio antes de crear una atmósfera estable. Marte es demasiado pequeño, su gravedad muy débil y su campo magnético inexistente.

Es decir, aunque desatáramos toda la furia tecnológica de nuestra especie, Marte seguiría siendo un desierto helado que se resiste a la vida. El planeta no necesita que lo reparemos, sino una estrella nueva, una masa nueva, unas leyes de la física distintas. Y eso, por desgracia (o por suerte), está fuera de nuestro alcance.

Aun así, el sueño persiste. Porque más allá de la ingeniería, terraformar no es solo un acto técnico, sino también simbólico; es intentar que otro mundo se parezca al nuestro, sembrar vida donde solo hay polvo, como si plantar una semilla bastara para convencer al universo de que repita el milagro de la Tierra. Como si solo con cambiar el decorado pudiéramos recuperar el hogar perdido.

Muchos se preguntan por qué gastar recursos en irnos a otro planeta si aún no hemos arreglado este. Y la respuesta, curiosamente, también es física.

Como ya hemos visto, un sistema cerrado (como la Tierra) tiende siempre al equilibrio, y cuando se lo fuerza más allá de sus límites, colapsa o cambia de fase. Por eso Marte no es solo una fantasía roja en el cielo, sino una posible válvula de escape, la expansión natural de un sistema que intenta evitar su propio límite. Y esto no es nada nuevo: las primeras células salieron del océano, los anfibios se arrastraron hacia la tierra, los humanos cruzaron mares y atmósferas. La exploración no es un capricho, es una ley no escrita de la biología y de la física; así, cuando el sistema se queda sin espacio, busca uno nuevo. Marte, en el fondo, es solo el siguiente paso lógico del instinto universal por seguir existiendo.

Y es posible que, al final, los resultados de los experimentos cósmicos en Marte nos acaben beneficiando. Todo lo que aprendamos allí (cómo cerrar ciclos de energía, cómo reciclar el agua, cómo vivir sin desperdicio) será la receta para sobrevivir en cualquier otro rincón del cosmos... o, irónicamente, para **arreglar la Tierra**.

En el fondo, mudarse a Marte no es huir del planeta azul, sino mirarlo desde fuera por primera vez como extranjeros, irte a vivir a aquel país donde solo ibas a hacer turismo. Y al hacerlo, darnos cuenta de que nunca dejamos de estar dentro de la misma pecera cósmica, solo que en otra esquina del cristal.

Y, como en todo lo que nos rodea, la física sería tan esencial como todas las ramas del conocimiento. Porque los primeros hogares marcianos no serán cúpulas transparentes bajo un cielo rojo, sino **búnkeres subterráneos** para protegerse de la radiación, los colonos vivirán bajo metros de regolito, el polvo marciano. Las paredes estarán hechas de materiales impresos en 3D con ese mismo suelo, mezclado con compuestos que puedan sellar el aire.

La energía vendrá del Sol (a través de paneles fotovoltaicos) y de pequeños reactores nucleares portátiles. Cada watt será precioso, cada gota de agua reciclada. La termodinámica será la ley más importante: nada se desperdicia, todo se transforma.

Las plantas crecerán en atmósferas artificiales, bajo luces led que imiten el espectro solar. Habrá que reinventar el sabor, la agricultura, incluso el tiempo; en un mundo donde cada recurso es finito, cocinar una sopa podría ser un acto de ingeniería y gratitud.

Quizá algún día, los primeros humanos despierten en Marte, miren por la ventana de su hábitat y vean el Sol levantarse lentamente sobre un horizonte polvoriento. Y en ese momento, bajo la tenue luz azulada del amanecer marciano, comprenderán que no hemos viajado 225 millones de kilómetros para empezar de cero, sino para **recordar** cómo empezó todo. Que la física no es una cadena que nos ata a la Tierra, sino aquello invisible que une todos los mundos posibles. Y que, en última instancia, mudarse a otro planeta no se trata de conquistar el universo..., sino de **aprender a habitarlo.**

1.3. Recursos en asteroides y lunas

En 2030, si todo sale según los planes de la NASA, una sonda del tamaño de un coche viajará hasta Europa, una de las lunas heladas de Júpiter, para buscar vida bajo su superficie. Primero llegará una nave que orbitará el planeta y sobrevolará la luna decenas de veces para tomar imágenes, medir su gravedad y analizar el vapor que escapa por las grietas del hielo. Con esos datos sabremos dónde la corteza es más delgada, y ahí comenzará la siguiente etapa: hacer aterrizar una sonda capaz de **perforar** ese hielo kilométrico. Cuando logre abrirse paso hasta el océano subterráneo (un mar oscuro y salado más profundo que todos los océanos de la Tierra juntos) liberará un pequeño **submarino autónomo**, diseñado para nadar en la completa oscuridad, detectar compuestos orgánicos y buscar indicios de movimiento, calor o incluso respiración química. Todo se hará de forma automática: el calor fundirá el hielo, los instrumentos se comunicarán con la superficie a través de un cable y la nave madre enviará los datos de vuelta a la Tierra, a casi ochocientos millones de kilómetros de distancia. Si funciona, no solo será la primera vez que una máquina humana nade en un océano extraterrestre, sino también el primer intento real de escuchar si, bajo una costra de hielo alienígena, el universo guarda otro latido.

Donde antes veíamos constelaciones, ahora vemos reservas de hierro, níquel, agua congelada... Minerales que, desde la Tierra, parecen imposibles, y que flotan a pocos millones de kilómetros, sin aduanas ni atmósfera que los proteja.

Los asteroides son, en esencia, los escombros del sistema solar, piezas que nunca llegaron a formar un planeta. Y, sin embargo, dentro de ellos se esconde una riqueza material tan descomunal que un solo asteroide metálico podría contener más hierro y níquel que toda la minería terrestre combinada. Por ejemplo, si midiéramos 16 Psyche, un cuerpo de más de doscientos kilómetros de diámetro (que equivale a un viaje de varias horas en coche), en economía humana, podría valer más que la economía mundial multiplicada por varios millones. No porque alguien vaya a comprarlo, claro, sino porque nuestra escala de valor es ridícula frente a la física del cosmos.

Pero lo interesante no es el dinero imaginario, sino la **energía**. Extraer, mover o refinar materiales requiere energía, y ahí está el verdadero desafío. En el vacío del espacio, no hay viento, ni agua, ni combustibles fósiles, solo radiación solar pura, flujos de partículas y gravedad. Es un entorno donde la termodinámica dicta las reglas con una crueldad matemática, lo que significa que cada julio es mucho más difícil de producir.

Por eso, el futuro de la minería espacial no depende tanto de lo que encontremos, sino de cómo obtengamos la energía para aprovecharlo. Los paneles solares funcionan de forma casi perfecta en el espacio, sin nubes, sin noche, sin pérdidas. Una estación en órbita cercana al Sol podría captar energía continua durante años y convertirla en motores iónicos o reactores eléctricos para mover naves entre órbitas. Si en la Tierra soñamos con energías limpias, en el espacio son obligatorias.

Lunas como Europa o Encélado, aparte de esconder océanos líquidos bajo su corteza helada, son laboratorios naturales de química extrema, fuentes potenciales de combustible (hidrógeno y oxígeno) y, quién sabe, quizá refugios de vida. En términos de física, esos océanos son gigantescos depósitos de energía térmica y química, agitados por la fricción gravitatoria de sus planetas. Literalmente, estas lunas se calientan al ser estiradas y comprimidas por la gravedad de Júpiter o Saturno, como si fueran corazones de hielo que laten bajo la presión del cosmos. Difícil de imaginar, pero totalmente real.

La Luna, nuestra vecina más familiar, parece modesta comparada con esos mundos lejanos, pero sigue siendo la puerta de entrada. En su superficie hay algo que en la Tierra es casi mitológico: **helio-3**, un isótopo raro que podría servir como combustible para reactores de fusión. Si alguna vez lo-

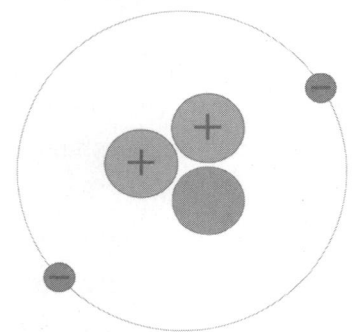

Figura 19. Estructura atómica del helio-3.

gramos dominar la fusión nuclear (la misma que enciende las estrellas), el polvo lunar podría convertirse en la llave energética del futuro. Por irónico que resulte, aquello que durante décadas consideramos polvo «inútil» podría alimentar a generaciones enteras.

Sin embargo, como ya hemos visto, la física siempre está ahí para fastidiar la fiesta e imponer sus límites. Extraer recursos de un asteroide o una luna requiere vencer la inercia, mover masa a través de millones de kilómetros y traerla de vuelta, lo que supone un trabajo demasiado grande. Cada gramo extra pesa toneladas en términos de energía. Por eso, la lógica del espacio no es traerlo todo a casa, sino **llevar la industria al espacio**. Fundir, ensamblar y fabricar fuera de la gravedad terrestre, donde los materiales flotan y el calor se disipa sin pérdidas por convección. La minería espacial no es solo una forma de extraer, sino de liberar a la Tierra de su propia sobrecarga termodinámica. En otras palabras: intentar construir una ciudad espacial con recursos terrestres sería como subir ladrillos uno a uno hasta la cima del Everest; mucho más fácil es aprender a fabricarlos allí arriba, con lo que ya flota a nuestro alrededor.

Buscamos energía y materiales fuera del planeta para mantener viva una civilización que ha agotado parte de su equilibrio interno. Somos como un **hormiguero que se ha quedado sin comida en su entorno** y que intenta abrir túneles hacia lo desconocido para no morir de hambre. Cada cohete que lanzamos y cada sonda que aterriza en un asteroide es esa **hormiga exploradora** que se aleja del nido, buscan-

*Figura 20. Huella fotografiada por Buzz Aldrin, piloto del módulo
lunar del Apolo 11 en 1969.*

do nuevas fuentes de alimento en un territorio hostil. No lo
hacemos solo por codicia o por curiosidad, sino porque la vida
siempre se mueve hacia donde hay energía. Las primeras bacterias lo hicieron en los fondos marinos, las hormigas lo hacen bajo tierra, y nosotros lo hacemos mirando hacia el cielo.
Cambian los escenarios, pero la ecuación es la misma: cuando
el entorno se satura, el instinto es expandirse. Porque, como
enseña la física, nada se detiene y todo está en constante mo-

vimiento; la materia se transforma, la energía fluye y los sistemas se reinventan. Y si algún día llegamos a trabajar en los asteroides o extraemos combustible de los anillos de Saturno, será porque quedarnos quietos, aquí, nos resulta tan antinatural como a una colonia de hormigas dejar de excavar.

2. NAVES ESTELARES Y VIAJES INTERPLANETARIOS

Dicen que en el espacio nadie puede oírte gritar, pero lo cierto es que, en el espacio, **nadie puede dejar de moverse**. Todo gira, todo orbita, todo cae. Desde los electrones que danzan alrededor de un núcleo hasta las galaxias que se alejan a la velocidad de la expansión cósmica. En el universo, quedarse quieto es totalmente imposible.

Piensa en una nave perdida, como en *Passengers* o *Interstellar*, suspendida entre estrellas y donde el tiempo se estira. Dentro, unos pocos humanos duermen en cápsulas mientras que fuera la realidad se curva y la relatividad hace su magia. Allí, la soledad es literal, estás a unos centímetros de la absoluta nada a millones de kilómetros y sin rumbo fijo, con un solo propósito: seguir moviéndote.

Según la ley de Murphy, si cualquier evento puede ocurrir, ocurrirá. Lo malo también. Pero si lo malo pasará, tendrá lugar todo y por tanto lo bueno también. Y eso incluye lo imposible. Porque en un universo que no deja de expandirse, quedarse inmóvil es la única forma de desaparecer. La física no perdona la quietud: el calor se disipa, la energía fluye, la entropía avanza. Todo lo que vive se mueve.

Por eso exploramos. Por eso lanzamos máquinas al vacío, por eso dejamos que la curiosidad sustituya al miedo. Así que, si algo puede salir mal, que salga. Pero que pase algo. Porque la vida, tanto aquí como entre las estrellas, **solo ocurre cuando decides moverte**.

2.1. Propulsión iónica

Cada vez que una nave abandona la Tierra, no solo ejerce fuerza en contra de la gravedad para liberarse de ella, sino que también escapa de un modo de entender la energía. Porque moverse en el espacio no es como hacerlo en el aire o el agua. Ahí no hay fricción, no hay viento que empuje ni suelo que frene. Solo un océano de vacío donde cada acción y cada impulso debe nacer de la propia nave. Y todo movimiento que produzcas, si no hay otra fuerza después, será el último cambio que harás, porque en el vacío no hay nada que te frene. Por tanto, si impulsas algo y no ejerces ninguna otra fuerza sobre ello, seguirá moviéndose en línea recta y a la misma velocidad para siempre, deslizándose en la nada como un susurro eterno. Porque en el espacio, la física se desnuda y solo el impulso, la masa y la energía importan.

Durante más de medio siglo hemos viajado por el espacio con motores químicos, herederos directos de los cañones y la pólvora. Son pura fuerza bruta: queman combustible, expulsan gases a gran velocidad y avanzan gracias a la tercera ley de Newton —cada acción provoca una reacción—. Sirven para despegar, pero su eficiencia es ridícula. Para escapar de la gravedad terrestre, una nave debe alcanzar más de 11,2 kilómetros por segundo, y para lograrlo necesita gastar casi toda su masa en combustible. Es un contrasentido energético, un vehículo que transporta toneladas de combustible solo para poder levantar el combustible que le queda.

El principio es sencillo: cuanta más velocidad quieras, más energía necesitas, pero esta debe ser transportada dentro del propio vehículo. Es como querer escalar una montaña cargando con ella a la espalda. El problema se conoce como la ecuación del cohete de Tsiolkovski, y es otra sentencia física: cuanto más rápido quieras ir, muchísimo más combustible necesitarás... y ese combustible extra también pesa. Es una trampa exponencial. Por eso los cohetes químicos son perfectos para escapar de la Tierra, pero inútiles para recorrer el espacio, pues gastan toda su energía solo en salir del punto de partida.

En distancias interplanetarias, los motores químicos son el equivalente a lanzar una piedra y esperar que llegue a la Luna. Se mueven deprisa al principio, pero luego se convierten en objetos inertes que flotan en la nada. Para explorar más allá, necesitamos otra lógica, una que no se base en la explosión, sino en la persistencia.

Así nació la propulsión iónica. En lugar de quemar combustible, estos motores utilizan electricidad para acelerar iones (átomos cargados) a velocidades increíbles, hasta cuaren-

Figura 21. Propulsor de efecto Hall.

ta mil metros por segundo o más. Cada ion sale disparado con una energía diminuta, pero el flujo constante, mantenido durante meses o años, acaba generando una velocidad enorme.

Si un cohete químico es una llamarada, un motor iónico es una brasa que no deslumbra, pero que arde durante mucho más tiempo. Naves como la Deep Space 1, la sonda Dawn o la reciente BepiColombo ya han usado esta tecnología para visitar asteroides y planetas lejanos. La física que hay detrás es simple pero elegante:

1. Un gas (generalmente xenón) se ioniza mediante electricidad.

2. Los iones cargados se aceleran mediante un campo eléctrico y se expulsan.
3. La reacción empuja la nave en dirección opuesta, cumpliendo la misma ley que los cohetes químicos, pero con una eficiencia muchísimo mayor.

El secreto está en la energía eléctrica, no en el combustible. Mientras el xenón se agote despacio, la nave puede seguir acelerando. Es como remar sin fricción, poco a poco, la velocidad se va acumulando.

La limitación, sin embargo, continúa siendo energética. Cada ion necesita electricidad para ser acelerado. En las regiones cercanas al Sol, los paneles solares pueden proporcionar esa energía; pero más allá de Marte, la luz se debilita y las baterías se vuelven inútiles. Pero entonces entran en juego los reactores nucleares: pequeñas estrellas portátiles que convierten la masa en calor, y este en electricidad.

En el espacio, cada vatio cuenta. Una nave como Dawn usaba unos dos mil vatios (que es poco más de lo que consume el microondas que tienes en casa) para moverse entre planetas. Pero esa potencia, mantenida durante años, le permitió viajar más de siete mil millones de kilómetros. Lo que en la Tierra sería un gasto insignificante, en el vacío se convierte en una gran hazaña energética.

Desde el punto de vista termodinámico, un motor iónico es una joya, porque convierte energía eléctrica en cinética con una eficiencia de hasta el 90 %. Pero entonces ¿cuál es el problema? El desafío está en la densidad de potencia. Un reactor nuclear portátil produce, en el mejor de los casos, unos pocos cientos de kilovatios. Para cruzar el sistema solar en meses, harían falta decenas de megavatios. Y, para salir del sistema solar, gigavatios.

El espacio es un pozo sin fondo donde la energía se disuelve como calor. Si la velocidad de la luz es el límite, la potencia es el peaje obligatorio.

Pero existen otras rutas al infinito para viajes interestelares. Algunas ideas rozan la frontera entre la ingeniería y la ciencia ficción. Una de ellas es la propulsión por vela solar, es decir, enormes superficies reflectantes que aprovechan la presión de la luz. Aunque la radiación del Sol parezca débil, cada fotón que choca con una vela ejerce una fuerza minúscula. Pero esta, mantenida durante meses, acelera una nave de manera constante, sin consumir combustible. La luz, de forma literal, empuja la materia.

Figura 22. Sistema avanzado de vela solar.

La LightSail de The Planetary Society ya lo demostró. Desplegó una vela del tamaño de un campo de tenis y se movió solo con la presión de los fotones. Pero, claro, aquí tenemos el mismo problema, y es que está muy bien para viajes relativamente cercanos, pero cuanto más nos queremos alejar, menos radiación solar recibiría, ¿no? En el futuro, podríamos imaginar velas impulsadas no por el Sol, sino por láseres gigantes enviados desde la Tierra o la órbita. Una especie de «soplo» de luz que empujaría naves del tamaño de una moneda a velocidades relativistas. Proyectos como Breakthrough Starshot sueñan con enviar microsondas a Alpha Centauri, el sistema estelar más cercano, alcanzando el 20 % de la velocidad de la luz, cosa que mejora mucho lo que ya teníamos. Pero aparecen otros problemas físicos, como siempre. Y es que, a esas velocidades, la física se vuelve salvaje: la fricción con el polvo

Figura 23. Impresión de un láser terrestre que impulsa una nave espacial de vela solar.

interestelar podría destruir una nave, y los sistemas electrónicos tendrían que resistir la radiación cósmica durante décadas. Aun así, el principio es hermoso, mover una vela con la luz de tu propia estrella.

No queremos que el sistema solar se nos quede corto y, a medida que pensamos en viajes más largos, el concepto de energía disponible se vuelve más importante que el del combustible. En un sentido profundo, todo motor es una forma de gestionar gradientes, esto es, zonas donde la energía puede fluir de alta a baja. En la Tierra, el Sol nos da un gradiente natural: calienta el aire, impulsa el clima, hace crecer las plantas. En el espacio, ese gradiente es mucho más difícil de mantener.

Por eso surgen ideas como las esferas de Dyson, hipotéticas megaestructuras capaces de rodear una estrella y capturar gran parte de su radiación. Una civilización que lograra eso tendría acceso a una cantidad de energía tan descomunal que podría alimentar millones de naves o terraformar planetas enteros. Es como esos insectos que, atraídos por la luz, acaban construyendo su nido alrededor de la bombilla; se acercan tanto a la fuente de energía que terminan viviendo de ella. Nosotros haríamos lo mismo, pero a escala cósmica, construiríamos nuestro hogar en torno al Sol, alimentándonos directamente de su luz. En la escala de Kardashev, que mide el nivel energético de una civilización, nosotros apenas rozamos el tipo I (dominio de la energía planetaria). Una esfera de Dyson sería el paso hacia el tipo II: el control estelar. El último tipo (VI) es la existencia más allá del tiempo y el espacio, o en dimensiones superiores para crear y destruir multiversos, cosa que nos pilla ahora mismo un poco lejos...

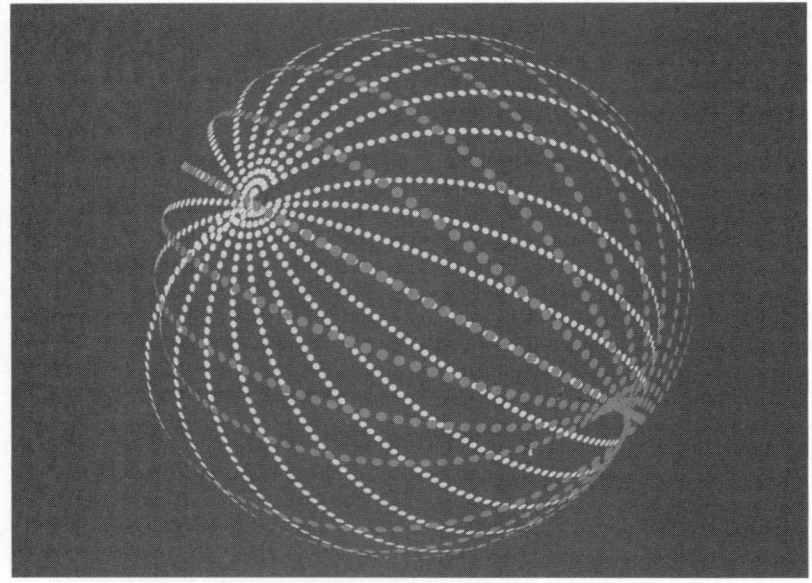

Figura 24. Esfera de Dyson.

No es un proyecto inmediato (ni siquiera sabemos fabricar una sola parte de ese tamaño), pero sirve como brújula: la energía es el camino. La propulsión iónica es solo el primer paso hacia una civilización que aprenda a moverse al ritmo del cosmos.

Cuando hablamos de viajes interplanetarios, el obstáculo no es solo la distancia, sino, como ya hemos comentado antes, el tiempo. Con motores químicos, llegar a Marte lleva entre seis y nueve meses. Con propulsión iónica, podríamos reducirlo a cuatro o cinco. Con reactores nucleares de alta temperatura o motores de plasma, quizá a menos de dos. Pero el salto real vendrá cuando aprendamos a manejar los campos magnéticos y la energía del vacío para aprovechar la interacción entre la materia y el espacio-tiempo como fuente de impulso.

La propulsión de plasma magnetizado (como la propuesta VASIMR) ya ensaya esa idea: utilizar campos magnéticos para acelerar plasma a velocidades enormes, ajustando el empuje en tiempo real. Es la traducción práctica de una ecuación que parece sacada de un libro de cosmología. En esencia, consiste en usar el mismo tipo de fuerzas que impulsan el viento solar o las erupciones de una estrella, pero dentro de una máquina. Aunque suene raro.

El espacio, después de todo, está lleno de plasma: iones, electrones y campos electromagnéticos que vibran en todas direcciones. Viajar entre planetas podría significar navegar sobre las olas invisibles del Sol, igual que las carabelas antiguas aprendieron a seguir el viento. Es algo que no ves, solo sientes su efecto, pero cuando lo entiendes sabes perfectamente qué hacer para ir a su favor. Sería ver el universo como motor.

Mirado con los ojos de la física, el universo entero es una máquina de propulsión. Las galaxias giran, las estrellas expulsan materia, los agujeros negros lanzan chorros de plasma a velocidades cercanas a la luz. Todo lo que existe se mueve, intercambia energía, se transforma. En ese contexto, nuestras naves son solo miniaturas que intentan imitar procesos naturales a una escala infinitamente pequeña.

Y aquí vuelve la lección termodinámica: no hay movimiento gratuito. La energía que impulsa una nave proviene de algún gradiente físico (una diferencia de potencial, de masa o de temperatura). Los motores iónicos, las velas solares o los reactores nucleares son versiones civilizadas y caseras de fenómenos que el cosmos realiza a diario y en todos lados. Cuando un agujero negro devora materia, libera energía suficiente para impulsar millones de soles; cuando nosotros encendemos un motor, apenas liberamos la energía contenida en un puñado de átomos. La física es la misma, solo cambia la escala.

Quizá esa sea la parte más fascinante, que cada avance tecnológico refleja, en realidad, nuestra forma de ser. La propulsión iónica no solo nos impulsa a mayores distancias, también nos enseña la virtud de la paciencia. Una fuerza diminuta, sostenida durante el tiempo suficiente, puede cruzar mundos. Un recordatorio silencioso de que la perseverancia (más que la potencia) es lo que acaba moviendo las estrellas.

Los motores de plasma, las velas solares o los reactores miniaturizados no son solo invenciones, sino extensiones naturales del principio que rige todo el universo: el equilibrio entre energía y movimiento. La humanidad, como cualquier sistema termodinámico, busca su siguiente gradiente. No exploramos por capricho, sino por coherencia física, al igual que el calor fluye, la energía se expande y la vida sigue la corriente.

Quizá el día que construyamos una nave que funcione sin combustible químico, solo con luz o plasma, comprendamos algo más profundo que la ingeniería: que **somos parte de la misma ecuación que impulsa las estrellas**. Nosotros estamos dentro del principio que mueve todo.

Hasta entonces, cada pequeño ion expulsado por un motor será una palabra escrita en el idioma universal de la energía. Así como una pequeña carta que enviamos al cosmos para recordarle que nosotros también aprendimos a movernos.

2.2. La relatividad aplicada: el universo como autopista

Al final, todo es cuestión de movimiento. Cuando vas en coche por la carretera a 100 kilómetros por hora, no sientes realmente la velocidad. Te parece que estás quieto y que es el paisaje el que se desliza frente a tus ojos. Si el coche frenara en seco, entenderías lo que significa moverse. Pero el movimiento, mientras sea constante, resulta invisible.

Ahora amplía la escala, imagina que, aunque estés quieto en tu silla, te mueves con la Tierra a unos 1.670 kilómetros por hora debido a su rotación sobre su propio eje. Al mismo tiempo, giras alrededor del Sol a 107.000 kilómetros por hora. El sistema solar, a su vez, orbita el centro de la galaxia a unos 828.000 kilómetros por hora, y la galaxia entera se desplaza por el universo a casi 2,1 millones de kilómetros por hora respecto al fondo cósmico. Así que, aunque creas que estás quieto, en este preciso instante te estás moviendo a casi 600 kilómetros por segundo a través del espacio. Y, sin embargo, no sientes nada. Porque el movimiento absoluto no existe, solo existe el cambio de referencia.

Einstein lo entendió antes que nadie, no hay un reloj universal, ni una regla que mida igual en todos los lugares. El tiempo y el espacio no son escenarios, sino actores. Su famosa teoría de la relatividad cambió para siempre la forma en que entendemos el movimiento. Cuando te desplazas muy rápido, el tiempo se ralentiza. Cuando te acercas a una fuente de gravedad intensa, el espacio se curva. Todo es relativo y depende del observador.

Si viajas en un tren que avanza a 300 kilómetros por hora y lanzas una pelota hacia delante a 10 kilómetros por hora, desde tu punto de vista la pelota se mueve a esa velocidad, pero, para alguien que observa desde fuera, la pelota va a unos 310 kilómetros por hora. Es decir, las velocidades se suman.

Ahora intenta hacer lo mismo con la luz. Supón que en ese mismo tren enciendes una linterna y apuntas hacia delante. Por instinto, pensarías que la luz debería ir a la velocidad del tren más la de la linterna, pero no: para ti, para el pasajero de al lado y para el observador que está fuera, la luz siempre viajará a 300.000 kilómetros por segundo. No hay suma posible, ni ventaja por moverse. La velocidad de la luz es la misma para todos, ocurra lo que ocurra.

Esa idea, tan sencilla y tan contraintuitiva, fue lo que derrumbó toda la física clásica. Significa que el tiempo y el espacio no son absolutos, sino flexibles, que se adaptan para que la luz siempre gane la carrera. Y en esa adaptación nació una de las revelaciones más profundas de la ciencia moderna: si la velocidad de la luz no cambia, entonces el tiempo y la distancia sí lo hacen.

La relatividad especial explica que cuanto más rápido viaja un objeto, más energía necesita para seguir acelerando. A medida que te acercas a la velocidad de la luz, tu masa efectiva aumenta, el tiempo se estira y la energía requerida tiende al infinito. En otras palabras: nadie con masa puede alcanzar la velocidad de la luz, porque necesitaría energía infinita.

$$E = mc^2$$

Lo fascinante es que, aunque esa velocidad parece una barrera, también es una ventana. La relatividad permite imaginar viajes al futuro. Si viajas al 99,9 % de la velocidad de la luz durante unos pocos años, al regresar habrán pasado décadas en la Tierra. Lo que para ti fue un trayecto corto, para los demás fue toda una era.

Y esto está confirmado por la física: el tiempo no es igual para todos. Solo depende de cuánto te muevas y de dónde estés.

A escala humana, la dilatación temporal es invisible, pero los satélites GPS la viven a diario. Orbitan la Tierra a unos 14.000 kilómetros por hora, y eso hace que sus relojes avancen 38 microsegundos más rápido por día que los nuestros. Puede parecer ridículo, pero, si no corrigiéramos ese efecto relativista, el GPS acumularía errores de varios kilómetros en cuestión de horas y te llevaría por carreteras que no existen, te desviaría por medio del mar o te aconsejaría atajos que atraviesan edificios. Así que la relatividad, por insignificante que sea en tu día a día, literalmente evita que te pierdas cuando buscas una dirección y muchas otras cosas más. Así que nuestra tecnología moderna funciona porque Einstein tenía razón.

Imagina ahora aplicar ese principio a una nave interestelar. A velocidades cercanas a la luz, el tiempo dentro de la nave se desacelera respecto a la Tierra. Para los tripulantes, el viaje a Alfa Centauri (a 4,3 años luz) podría durar solo unas semanas, mientras que en la Tierra pasarían años. Es la física convirtiendo la distancia en una experiencia subjetiva.

El espacio no es un mapa, sino una coreografía de movimiento y tiempo. Viajar lejos significa no solo desplazarte, sino cambiar de ritmo respecto al universo. No se trata de una limitación tecnológica, sino estructural. La velocidad de la luz no es un límite arbitrario, es el ritmo del propio universo. Y es el mismo que hay en tu casa desde que enciendes la luz hasta que te llega a los ojos, como la que está a cientos de miles de años luz de tu casa y hace polvo un planeta cercano a una estrella que acaba de estallar, o como la proveniente del Sol que atravesó el espacio y la atmósfera de la Tierra para ser reflejada en la piel de los dinosaurios y que aún sigue viajando a través del espacio-tiempo para llegar a algún observador muy lejano. Pero es que la luz no viaja dentro del espacio, es la forma en que el espacio se propaga. Intentar superarla sería como tratar de correr más rápido que tu propia sombra. Una tontería.

Aun así, la imaginación científica no se rinde. Algunos teóricos plantean los agujeros de gusano, atajos en el tejido del espacio-tiempo que conectarían dos puntos distantes. Otros, como el físico Miguel Alcubierre, proponen el motor de curvatura, que no acelera la nave, sino el espacio que la rodea. Comprime el espacio delante y lo expande hacia detrás, permitiendo un viaje sin movimiento. Como remar en un río que se mueve contigo; tú no avanzas sobre el agua, es la corriente la que te arrastra. En este caso, la corriente sería el propio espacio. Desde fuera parecería que te mueves más rápido que la luz, pero en realidad no la superas, solo deformas el camino que recorre. La idea es demasiado loca, pero la nave permanece quieta dentro de una burbuja de espacio estable, mientras el universo se pliega a su alrededor como una ola. Es una travesía imposible según nuestra intuición, pero perfectamente coherente con las ecuaciones que gobiernan el cosmos. Ninguna de estas ideas es práctica todavía, pero todas comparten algo esencial: el deseo de doblar la realidad para no dejar de movernos.

Y mientras soñamos con viajar más allá del Sol, el universo guarda silencio. Es el paradigma de la paradoja de Fermi: si hay tantas estrellas, tantos planetas y tanto tiempo, ¿por qué no hemos visto a nadie más? La estadística sugiere que debería haber miles de civilizaciones, pero las evidencias de que existan son cero. Las posibles respuestas van desde lo trágico hasta lo trascendental. ¿Quizá las civilizaciones se autodestruyen antes de conquistar las estrellas? ¿Tal vez están demasiado lejos o usan tecnologías que no podemos detectar? ¿O puede que el universo sea tan vasto que la coincidencia resulte estadísticamente imposible, es decir, todos hablamos al mismo tiempo, pero nadie escucha en la misma frecuencia?

Fermi lanzó la pregunta casi de broma, en medio de una comida cualquiera, pero dejando a la mesa en silencio. Si el universo está lleno de estrellas y planetas, ¿dónde está todo el mundo? Quizá el problema no sea la falta de vida, sino la tiranía de la distancia. El cosmos es tan vasto y el tiempo tan elástico que, incluso si alguien nos estuviera observando ahora, vería una Tierra que ya no existe, un planeta azul habitado por mamuts y océanos vírgenes. El universo no solo nos separa en el espacio, también nos desenfoca en el tiempo, como si cada civilización viviera en una fotografía distinta del mismo álbum cósmico.

Cuando *Interstellar* mostró aquel planeta que orbitaba un agujero negro donde una hora equivalía a siete años en la Tierra, no era una fantasía, sino relatividad en estado puro. Cerca de una masa tan extrema, el espacio-tiempo se estira como una sábana bajo una piedra. Cuanto más te acercas, más despacio pasa el tiempo, hasta que la propia luz parece quedarse atrapada en su intento por escapar.

A esa escala, el movimiento ya no es una elección, es una caída inevitable. Todo, absolutamente todo, termina cediendo ante la gravedad. Y, sin embargo, en ello reside lo asombroso. Las mismas leyes que doblan la realidad también la sostienen. Sin esa curvatura, no habría órbitas, ni soles, ni planetas que pudieran girar el tiempo suficiente para que apareciese algo tan improbable como nosotros. La relatividad, al final, no nos encierra, nos mantiene bailando alrededor del milagro.

3. CONCLUSIONES

En conclusión y mirado con los ojos de la física, el universo entero es movimiento. Desde las partículas subatómicas que vibran en la espuma cuántica de tu café matutino hasta los cúmulos de galaxias que se alejan por la expansión cósmica, todo fluye. Nada permanece inmóvil. Incluso los átomos de tu cuerpo se mueven con la respiración del cosmos.

Esa constante danza cósmica nos conecta con todo lo que ha existido. Los protones que forman tu mano fueron creados en el corazón de una estrella que murió hace miles de millones de años. No apareció por arte de magia. Estás hecho literalmente con materiales que nacieron y estuvieron en contacto con lo que existe en el universo cuando todo estaba en el mismo punto de inicio. La energía que impulsa tu cerebro es la misma que brilla en el Sol. Somos parte del movimiento, un eco material de la termodinámica universal.

Y es curioso: cuanto más comprendemos las leyes del universo, más se parecen a leyes de comportamiento. Todo lo que se mueve tiende a seguir moviéndose. Todo lo que se encierra acaba colapsando. Y la única forma de no detenerse es compartir energía: dar, recibir, intercambiar. Lo mismo que hace una estrella con sus planetas, que hace una civilización cuando aprende a mirar más allá de sí misma.

Desde miles de millones de kilómetros, la Tierra no parece más que un punto azul pálido suspendido en un rayo de luz. Carl Sagan dijo que en ese punto se encuentra todo lo que amamos, todo lo que tememos, todo lo que alguna vez existió.

Figura 25. Famosa fotografía de la Tierra conocida como Un punto azul pálido, *tomada por la sonda espacial Voyager 1 de la NASA.*

Es la cápsula donde la vida aprendió a moverse. Y aunque soñamos con viajar a otros mundos, tal vez el verdadero viaje sea entender lo que significa este: un pequeño planeta que desafía el equilibrio, que lucha contra su propia entropía, que sigue girando. Es nuestra cuna, nuestra pecera.

Quizá nunca saltemos del nido y no crucemos las estrellas, o quizá lo hagamos sin darnos cuenta, viajando en el mismo universo que se expande bajo nuestros pies. Pero lo importante no es la distancia, sino el impulso, la inercia. Porque la vida, igual que la física, no conoce la quietud. Y, si algo nos ha enseñado el cosmos, es que moverse (aunque sea un poco) siempre vale la pena.

III

¿Y SI NOS QUEDAMOS?

1. LA GRAN REINGENIERÍA PLANETARIA: LA FÍSICA DE LA ESPERANZA

Imagina por un momento que la Tierra es una nave espacial. No una pequeña, sino la más grande y compleja jamás construida, viajando a través del vacío a 107.000 kilómetros por hora alrededor del Sol. Durante milenios, nosotros, su tripulación, hemos vivido de sus recursos sin comprender del todo sus sistemas de soporte vital. Hemos extraído agua y alimento, hemos quemado combustibles de reserva y hemos generado residuos que se acumulan en los rincones de la nave. Ahora, las alarmas se han activado, los indicadores de dióxido de carbono están en rojo, los depósitos de agua dulce disminuyen y la biodiversidad, ese complejo entramado que mantiene el equilibrio, se resquebraja.

Frente a este escenario, surgen dos narrativas. La primera, impulsada por la ciencia ficción, nos habla de escapar, de encontrar una nueva Tierra en otro sistema solar. Es un sueño poderoso, pero, hoy por hoy, constituye una quimera física y tecnológica. La segunda narrativa, más audaz y radicalmente pragmática, es la que exploraremos en este capítulo: ¿y si nos quedamos? ¿Y si, en lugar de huir, dedicamos nuestro ingenio a reparar, optimizar y rediseñar nuestra nave espacial terrestre?

Nos encontramos en una época geológica definida por el impacto humano global. Este poder sin precedentes conlleva una responsabilidad proporcional. Como hemos visto en varias ocasiones ya, la física nos enseña que para cada acción hay una reacción, y que la energía ni se crea ni se destruye, solo se transforma. Aplicar estos principios fundamentales a nuestra civilización es el núcleo de la sostenibilidad. No se trata de dar un paso atrás, sino de saltar hacia delante en nuestra comprensión y gestión tecnológica.

Este capítulo no es un catálogo de problemas, sino un manual de soluciones basadas en la física y la ingeniería más avanzadas. Exploraremos cómo dominar el ciclo del agua mediante la desalinización impulsada por las energías renovables, cómo reimaginar la producción de alimentos en granjas verticales que son más laboratorios que campos, y cómo cerrar el círculo de los materiales hasta aproximarnos a un «reciclaje absoluto», donde el concepto de «basura» quede obsoleto. Veremos desde la nanotecnología que purifica las aguas contaminadas hasta el límite teórico último de la gestión de residuos: la aniquilación materia-antimateria.

Bienvenido a la gran reingeniería planetaria. El proyecto más ambicioso de la humanidad no es escapar de la Tierra, sino aprender a habitarla de forma inteligente.

1.1. Agua y alimentos en un mundo cambiante

La base de cualquier civilización es su capacidad para proporcionar agua dulce y alimentos a su población. En nuestro mundo cambiante, estas dos necesidades primarias se ven amenazadas por el cambio climático, la sobrepoblación y la contaminación. Sin embargo, la física y la tecnología nos ofrecen herramientas para dar un vuelco a esta situación.

1.1.1. Desalinización a gran escala y la física de los océanos

El dato es incontestable: aunque el 71 % del planeta está cubierto de agua, menos del 2,5 % de esta es dulce, y solo una fracción es de fácil acceso. Mientras tanto, la demanda global de agua se duplica aproximadamente cada veinte años. La solución parece estar frente a nuestras costas. Los océanos son un depósito de más de 1.300 millones de kilómetros cúbicos de agua. El desafío es separar las sales disueltas, y para entender cómo lograrlo, debemos profundizar en la física de las moléculas. El principio físico fundamental debe ser vencer a la ósmosis.

El proceso dominante en la desalinización moderna es la ósmosis inversa. Para comprenderla, primero debemos observar la ósmosis natural. Imaginemos un recipiente dividido por una membrana semipermeable (que permite el paso del agua, pero no de las sales). De un lado hay agua salada; del otro, dulce. La naturaleza busca siempre el equilibrio y, por ello, las moléculas de agua, que están en constante movimiento debido a la energía térmica, viajarán desde la zona de menor concentración de sal (agua dulce) hacia la de mayor concentración (agua salada) en un intento de diluirla. Este flujo genera una diferencia de presión conocida como presión osmótica.

La ósmosis inversa, como su nombre indica, lucha contra este principio natural. Para ello, aplicamos una presión externa en la columna de agua salada superior a su presión osmótica. Al hacerlo, forzamos a las moléculas de agua a atravesar la membrana en dirección contraria, dejando atrás la mayor parte de las sales. La presión osmótica del agua del mar es de unos 27 bares (unos 390 psi, libras por pulgada cuadrada), pero en la práctica, las plantas operan a presiones de entre 55 y 85 bares para lograr un flujo eficiente. La energía requerida es, por tanto, considerable.

El mayor obstáculo para la desalinización masiva ha sido siempre el consumo energético. Según la termodinámica, existe una energía mínima teórica necesaria para separar la sal del agua relacionada con el cambio en la entropía (el desorden) del sistema. Para obtener agua dulce a partir de agua del mar con una salinidad del 3,5 %, este límite teórico es de aproximadamente 1,06 kilovatios por hora por metro cúbico (kWh/m^3). Sin embargo, las plantas actuales de ósmosis inversa consumen entre 3 y 4 kWh/m^3. ¿A dónde se va esa energía extra?

La respuesta reside en las ineficiencias del mundo real. La fricción del agua al pasar a través de la membrana, la necesidad de pretratamientos para evitar que esta se obstruya y la energía necesaria para bombear el agua a alta presión. Reducir esta brecha entre el ideal termodinámico y la realidad operativa es el santo grial de la ingeniería de desalinización. Si lo consiguiéramos, podríamos producir grandes cantidades de agua potable a bajo costo y con menor impacto ambiental. Significaría que lugares con escasez de agua podrían contar con un suministro estable sin depender tanto de ríos, lluvias o acuíferos.

Innovaciones que rompen la barrera: nuevos materiales y energías renovables

La investigación se centra en resolver estas ineficiencias desde varios frentes:

- **Membranas de nueva generación.** El material de la membrana es crucial. Las tradicionales, hechas de poliamida, son eficaces, pero también susceptibles a la degradación por cloro. La promesa está en materiales como el grafeno. Gracias a su estructura hexagonal de un átomo de espesor, el grafeno puede perforarse con poros de tamaño nanométrico («nanoporos») que permiten el paso ultrarrápido de las moléculas de agua mientras bloquean eficazmente los iones de sal. En teoría, las membranas de grafeno podrían reducir la energía necesaria en un 20-30 %. Investigaciones del MIT y de la Universidad de Mánchester trabajan para superar los desafíos de fabricación a escala industrial de estas membranas.

- **Acoplamiento con energías renovables.** Una forma de hacer sostenible la desalinización es alimentarla con fuentes de energía limpia. Proyectos pioneros, como la planta de Khafji en Arabia Saudita, diseñada para ser la mayor del mundo alimentada por energía solar, son el camino que seguir. Las tecnologías solares de concentración (CSP, por sus siglas en inglés) resultan ideales, ya que pueden generar tanto electricidad para las bombas como calor térmico para precalentar el agua de mar, lo que reduce su viscosidad y, por tanto, la energía necesaria para realizar la ósmosis inversa.

- **Tecnologías no convencionales.** Más allá de la ósmosis inversa, la física ofrece otras vías que obtienen lo que se llama energía azul. La ósmosis por retardo de presión, por ejemplo, es un concepto brillante que aprovecha la diferencia de salinidad entre el agua salada del mar y la dulce de río. Al hacerlas converger en una membrana especial, el flujo natural de agua del río al mar puede utilizarse para generar presión y, por tanto, electricidad. Aunque aún en desarrollo, plantas piloto como la de Tofte, en Noruega, demuestran su viabilidad. Es el caso perfecto para mostrar cómo trabajar con los principios naturales y no contra ellos.

El impacto ambiental: de tu cocina al fondo oceánico

Seguro que conoces qué es la salmuera porque la has utilizado para conservar alimentos, hacer encurtidos o simplemente como mezcla para cocinar. Pues bien, ¿y si te dijera que esta no solo se produce de forma natural? Ninguna solución tecnológica es perfecta y la desalinización que hemos estudiado genera un residuo principal: la salmuera, una solución hipersalina que puede ser el doble de salada que el agua de mar. Verterla directamente en el océano puede crear las llamadas «plumas de salmuera» que, debido a su mayor densidad, no se integran con el resto del agua del mar de inmediato, sino que se desplazan por el fondo marino y pueden asfixiar los ecosistemas bentónicos.

La física de la densidad y la difusión es clave aquí. Las soluciones pasan por:

- **La dilución y la dispersión controlada.** Consiste en mezclar la salmuera con agua de refrigeración de centrales eléctricas o con aguas residuales tratadas antes del vertido, y utilizar difusores que la dispersen rápidamente en grandes volúmenes de agua.
- **Minería de la salmuera.** En lugar de verterla, podemos verla como una materia prima. La salmuera contiene litio, magnesio, potasio y otros minerales valiosos. Tecnologías de cristalización selectiva y electrodiálisis permiten extraer estos recursos y transformar un problema ambiental en una oportunidad económica, cerrando así el círculo.

Tabla 1. Comparativa de los nuevos materiales y métodos de extracción de agua.

Tecnología	Principio físico	Consumo energético (kWh/m³)	Ventajas	Desventajas
Ósmosis inversa (actual)	Separación por membrana con presión	3-4	Alta eficiencia, tecnología madura	Consumo energético, ensuciamiento de membranas
Ósmosis inversa (grafeno)	Separación por membrana con nanoporos	≈ 2-3 (teórico)	Flujo ultrarrápido, menor presión	En desarrollo, escalado industrial difícil
Ósmosis por retardo	Generación de energía por gradiente salino	Genera energía	Potencial de energía negativa	Baja densidad de potencia, membranas en desarrollo
Destilación térmica (MSF/MED)	Evaporación y condensación	10-16	Muy robusta, agua de alta pureza	Muy intensiva en energía, costosa

1.1.2. Cultivos en vertical y el papel de la óptica en la agricultura

Si la desalinización resuelve la ecuación del agua, la agricultura vertical aborda la de la tierra. La humanidad ha dedicado aproximadamente la mitad de la tierra habitable a la agricultura, una superficie comparable a todo el continente sudamericano.

Los cultivos verticales proponen un cambio de paradigma: en lugar de expandirnos horizontalmente, cultivemos en altura, apilando capas de producción en ambientes controlados. Esto no es tan solo aplicable a la agricultura en interiores, sino que supone la transformación de la agricultura en una disciplina de ingeniería de precisión, donde la física de la luz, el agua y los gases se optimiza al máximo.

Figura 26. Instalación de cultivo vertical.

Fotobiología: pintando con luz el crecimiento de las plantas

La base de toda la vida vegetal es la fotosíntesis, un proceso físico-químico que convierte la energía lumínica en química.

La ecuación general de la fotosíntesis es la siguiente:

$$6CO_2 + 6H_2O + \text{energía lumínica} \rightarrow C_6H_{12}O_6 \text{ (glucosa)} + 6O_2$$

Pero la realidad es más compleja y fascinante. Las plantas no utilizan toda la luz por igual. Absorben longitudes de onda específicas a través de pigmentos como la **clorofila-a**, la **clorofila-b** y los **carotenoides**.

La clorofila, por ejemplo, tiene picos de absorción en las longitudes de onda azules ($\approx$ 430 nm) y rojas ($\approx$ 660 nm). Refleja la luz verde, razón por la cual vemos las plantas de ese color.

Aquí es donde la óptica y la tecnología led revolucionan la agricultura. A diferencia del Sol, que emite un espectro amplio y fijo, o las luces fluorescentes de espectro incompleto, los ledes permiten un **diseño espectral** a la carta.

Es decir, podemos iluminar las plantas solo con las longitudes de onda que más necesitan, eliminando el desperdicio energético en espectros que reflejan (como el verde).

Tipos de luz y funciones principales:

- **Luz azul:** es crucial para el desarrollo vegetativo (hojas y tallos fuertes). Regula la apertura de los estomas, por donde la planta intercambia gases.
- **Luz roja:** es el principal motor de la fotosíntesis, fundamental para la floración y la fructificación.
- **Luz roja lejana (730 nm):** juega un papel clave en la percepción de la duración del día por la planta (fitocromos), afectando a procesos como la germinación y la floración.

Investigadores como el doctor Neil Mattson de la Universidad de Cornell han demostrado que ajustar las proporciones de luz azul y roja puede acortar los ciclos de crecimiento, aumentar el contenido de vitaminas o incluso alterar el sabor de las hojas de lechuga o albahaca.

Esto se conoce como fototropismo específico, y convierte a la luz en una herramienta de «programación biológica».

Termodinámica y control ambiental: la danza del calor y la humedad

Un invernadero vertical es, ante todo, un sistema termodinámico. La energía eléctrica que alimenta los ledes no se convierte por arte de magia en glucosa, sino que una parte significativa se disipa como calor.

Gestionar este calor residual es uno de los mayores desafíos de ingeniería. Veamos pues cuáles son los retos principales que esto plantea:

- **Carga térmica:** miles de ledes dispuestos en un espacio confinado generan una gran cantidad de calor que, si no se controla, se elevaría hasta matar las plantas.
- **Gestión de la humedad:** las plantas transpiran (evapotranspiración), liberando vapor de agua al ambiente. En un espacio cerrado, la humedad relativa puede dispararse, lo que crea un caldo de cultivo para hongos patógenos como el mildiu.

Ante esto, ¿qué soluciones se plantean?

- **Sistemas de enfriamiento:** se utilizan intercambiadores y bombas de calor (como las de un aire acondicionado, pero más eficientes) para extraer este del ambiente y mantener una temperatura óptima de entre 22-25 °C.
- **Control de humedad por punto de rocío:** los deshumidificadores enfrían el aire por debajo de su punto de rocío, condensando el vapor de agua y recuperando agua prácticamente pura que puede ser recirculada en el sistema de riego. Es el ejemplo perfecto de **ciclo cerrado**.
- **Aireación y presión de CO_2:** se inyecta dióxido de carbono de forma controlada (enriquecimiento carbónico) para aumentar la tasa de fotosíntesis. Los ventiladores aseguran una circulación uniforme del aire, evitando puntos calientes y fortaleciendo los tallos.

Hidroponía y aeroponía: la física de la nutrición radical

Quizá, una vez vista la agricultura vertical, estés pensando: «De acuerdo, pero sin suelo, ¿cómo se alimentan las plantas?». Pues existen dos sistemas que dominan la agricultura vertical, ambos basados en principios físicos de fluidos: la hidroponía y la aeroponía.

La primera tiene mucho que ver con procesos físicos que ya hemos explicado: la difusión y la ósmosis. Así, las raíces de las plantas se sumergen en una solución nutritiva y acuosa.

Los iones de los nutrientes (nitrato, potasio y fósforo) pasan
de la solución (alta concentración) al interior de las raíces
(baja concentración). Además, para que las plantas puedan
respirar adecuadamente, es esencial que el agua mantenga un
buen nivel de oxígeno disuelto. Los sistemas de flujo profundo, que utilizan burbujeadores como los de una pecera, y la
técnica de la película nutritiva, que consiste en no sumergir
del todo las raíces y aportarles una base muy fina de agua con
nutrientes, aseguran ese aporte continuo de oxígeno, crucial
para la respiración celular.

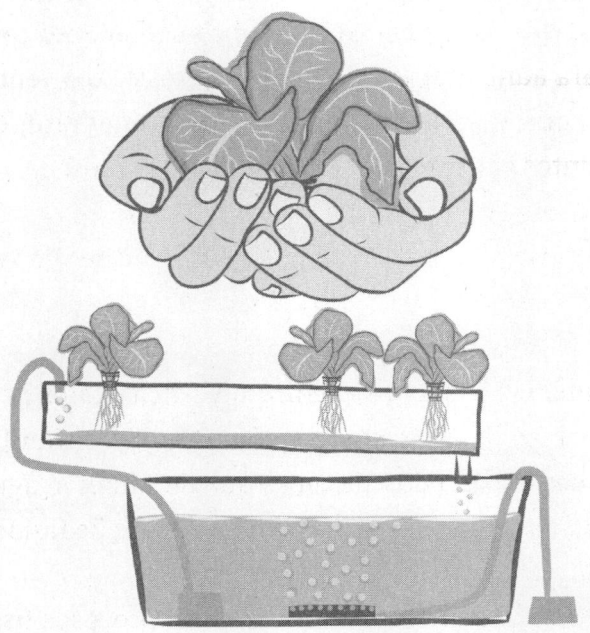

Figura 27. Esquema del sistema de hidroponía.

La segunda, la aeroponía, es un sistema más avanzado y eficiente. En este método las raíces de las plantas no están sumergidas en agua ni enterradas en sustrato, sino que quedan colgando en el aire dentro de una cámara oscura. Allí, se las rocía de manera periódica con una solución nutritiva a través de un aerosol. Este proceso se basa en fenómenos físicos como la nebulización y la tensión superficial. Las boquillas ultrasónicas o de alta presión generan gotas extremadamente pequeñas —del tamaño de micras— que las raíces absorben con gran rapidez y eficiencia. Al mismo tiempo, el hecho de que las raíces estén suspendidas en el aire maximiza su exposición al oxígeno, lo cual favorece la respiración celular y acelera el crecimiento. Este es el tipo de cultivo que la NASA promueve para misiones espaciales, debido a que permite producir alimentos utilizando hasta un 95 % menos de agua que la agricultura tradicional.

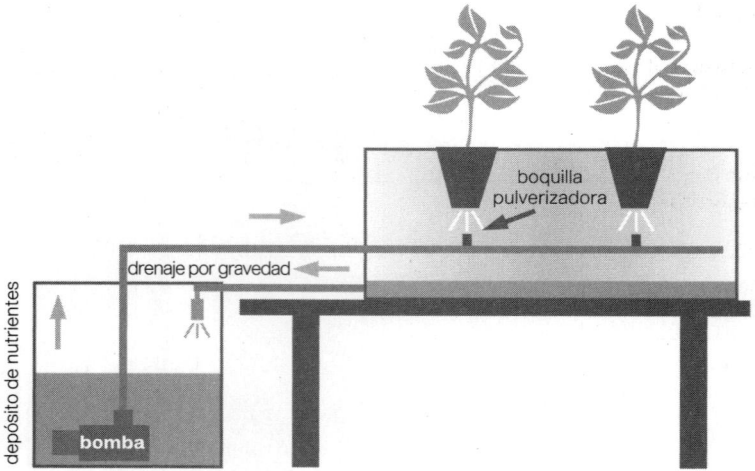

Figura 28. Esquema del sistema de aeroponía.

La eficacia de estos sistemas no es solo teórica. Por ejemplo: la compañía AeroFarms, situada en Nueva Jersey, aplica este sistema de agricultura vertical con la ayuda de la inteligencia artificial y la biología vegetal. Su productividad por metro cuadrado es hasta trescientas noventa veces mayor que la de un campo tradicional con un uso del agua un 95 % menor y cero pesticidas. Su compromiso con la sostenibilidad y la responsabilidad social nos demuestra que esto, lejos de ser una utopía, es un futuro cada vez más cercano.

Tabla 2. Comparativa de los métodos de agricultura.

Parámetro	Agricultura tradicional (campo)	Invernadero de alta tecnología	Granja vertical (aeroponía)
Ciclos de cultivo al año	2-3	6-8	20-30 (cultivo continuo)
Producción (kg/año)	≈ 40.000	≈ 500.000	≈ 1.500.000-2.000.000
Consumo de agua (litros/kg)	250-300	50-70	10-15
Uso de pesticidas	Alto	Moderado-bajo	Cero (entorno estéril)
Dependencia climática	Total	Parcial	Nula

La impresión 3D de alimentos

La desalinización nos puede asegurar el agua potable, y la fotobiología y la termodinámica aplicadas al cultivo vertical, una agricultura más eficiente y expansiva, que además requiere menor cantidad de agua. Este tipo de producción controlada abre la puerta al siguiente paso innovador: la impresión 3D de alimentos.

Al disponer de cultivos concentrados y de composición conocida se pueden generar «tintas alimentarias» que sirvan como materia prima para estas impresoras. Estos dispositivos permiten crear alimentos personalizados en forma, textura y valor nutricional, optimizados para cada necesidad, desde misiones espaciales hasta hospitales o zonas con escaso acceso a producto fresco.

Imagina que pudiéramos tener en nuestras casas una impresora de alimentos, así como poseemos una máquina de café. Pues ese sueño es cada vez más una realidad. Utilizando pastas a base de proteínas alternativas (insectos, algas, legumbres) o cultivos celulares, la física de la reología (estudio del flujo de la materia) permite crear estructuras alimentarias personalizadas. Piensa en cómo sería imprimir un filete con la textura muscular perfecta a partir de proteínas de guisante, o un snack con una microestructura porosa que maximice la sensación de saciedad. La agricultura vertical y la fabricación de alimentos convergen hacia un mismo objetivo: producir lo que necesitamos, donde lo necesitamos y con el mínimo coste ambiental.

1.2. Ciclos perfectos: física y reciclaje absoluto

Ya hemos visto cómo asegurar los insumos básicos. El siguiente escalón es gestionar los *outputs*, es decir, los residuos. Nuestra economía lineal (extraer, fabricar, usar, tirar) choca frontalmente con las leyes de la física en un planeta finito. La solución es imitar a la naturaleza, que no conoce el concepto de desperdicio. En la naturaleza, todo es un recurso. Por tanto, a continuación exploraremos cómo la física nos puede guiar hacia una economía circular.

1.2.1. Economía circular: la pecera como modelo de ecosistema

Volvamos a la poderosa analogía de la pecera, un ecosistema encerrado en una urna de cristal. Dentro hay plantas, microorganismos, quizá incluso pequeños crustáceos. La pecera está sellada y la única interacción con el exterior es la energía lumínica que entra y el calor térmico que sale. La materia, sin embargo, permanece dentro en un ciclo perpetuo. Las plantas producen oxígeno y alimento a partir de los desechos de los animales, y estos, a su vez, producen dióxido de carbono y nutrientes para las plantas. Es un sistema en equilibrio dinámico, un modelo a escala de la biosfera terrestre.

De la pecera a la sociedad: los flujos de materia y energía

Trasladar este modelo a nuestra civilización implica entender nuestros flujos de materia y energía con precisión científica. Para ello es necesario saber que economía circular se basa en dos principios físicos fundamentales:

1. **La ley de conservación de la masa.** Hemos hablado en bastantes ocasiones de ella. Formulada a finales del siglo XVIII por Antoine Lavoisier, estipula que la materia no se crea ni se destruye, solo se transforma. Por tanto, cuando tiramos una botella de plástico, no desaparece. Solo la trasladamos de nuestro entorno inmediato a un vertedero o al océano. En una economía circular, debemos diseñar el sistema para que esa botella nunca se convierta en basura, sino que sea la materia prima para una nueva botella u otro producto.

2. **La segunda ley de la termodinámica (ley de la entropía).** Esto seguro que también te suena: en un sistema aislado, el desorden (entropía) siempre aumenta. Esta es la fuerza que se opone a la circularidad perfecta. Reciclar siempre requerirá un aporte de energía de alta calidad (neguentropía) para volver a ordenar los materiales. Por eso, la jerarquía de la economía circular prioriza:

    a. Reducir (evitar el gasto energético inicial).

    b. Reutilizar (requiere poca energía nueva).

c. Reciclar (requiere energía significativa para transformar).

d. La última opción debe ser la recuperación de energía (incineración) o el vertido.

La economía circular es, en esencia, una lucha gestionada contra la entropía, utilizando energía e inteligencia (información) para mantener el orden en el sistema.

Métricas cuantificables: análisis de flujo de materiales (AFM)

Para gestionar estos ciclos, necesitamos herramientas de medición. El análisis de flujo de materiales (AFM) es la contabilidad física de una ciudad, región o país. Rastrea las entradas (materiales extraídos, importados), las existencias (edificios, infraestructuras) y las salidas (emisiones, residuos, exportaciones). Naciones como los Países Bajos o Japón utilizan el AFM para fijar objetivos de productividad material (PIB generado por tonelada de material usado) y reducir su huella de consumo.

1.2.2. El papel de los materiales avanzados

Lograr la circularidad exige rediseñar los propios materiales. La ciencia de materiales nos proporciona herramientas para crear productos que duren más, se reparen solos o sean más fáciles de reciclar.

Materiales autorreparables

Inspirados en la biología (como la coagulación de la sangre), estos materiales contienen microcápsulas o canales vasculares rellenos de un agente cicatrizante (monómero líquido y catalizador). Cuando se produce una grieta, las microcápsulas se rompen y el agente cicatrizante fluye hacia la fractura, polimerizándose y soldando la grieta. La física de la difusión y la polimerización es clave aquí. Ya se están desarrollando hormigones y polímeros con estas propiedades, lo que podría multiplicar la vida útil de infraestructuras críticas. Piénsalo así, ¿no sería maravilloso que las estructuras de nuestras ciudades pudieran repararse solas, igual que un organismo vivo, y esto redujera los costes, aumentara la seguridad y las hiciera más duraderas?

Materiales con memoria de forma

Aleaciones como el nitinol (níquel-titanio) o ciertos polímeros tienen la capacidad de «recordar» una forma original. Cuando se deforman, pueden volver a su configuración inicial al ser calentados por encima de una temperatura de transición. Esto se debe a un cambio de fase sólido-sólido a nivel cristalino, entre una fase martensítica (deformable) y otra austenítica (rígida). Su aplicación no solo es posible en tuberías que autorreparan sus abolladuras o carcasas de teléfonos que recuperan su forma original, sino que además puede trasladarse al ámbito médico, con stents que se expanden con el calor del cuerpo, lo que facilita su colocación y mejora su adaptación a los movimientos naturales del organismo.

Superconductores a temperatura ambiente (el santo grial)

Un superconductor es un material que, por debajo de una temperatura crítica, ofrece resistencia eléctrica cero y que, por tanto, no tiene ninguna pérdida de calor. Actualmente, requieren enfriamiento criogénico costoso (con nitrógeno o helio líquido). Encontrar un material que sea superconductor a temperatura ambiente revolucionaría la economía circular indirectamente, pues eliminaría por completo las pérdidas de energía en la red eléctrica (que pueden superar el 8 % en la transmisión). Esto liberaría una enorme cantidad de energía que podría destinarse al reciclaje y a otros procesos industriales. La física teórica actual explora materiales como los hidruros de lantano a altísimas presiones, pero lograr superconductividad a presión ambiente sigue siendo un desafío.

1.2.3. La nanotecnología y la eliminación de desechos

Si los materiales avanzados nos ayudan a diseñar productos que no se rompen, la nanotecnología nos ofrece las herramientas para desmontar lo que ya se ha desechado, átomo a átomo. La nanotecnología manipula la materia a una escala de uno a cien nanómetros (milmillonésimas de metro). A este nivel, las propiedades de los materiales cambian: el oro puede ser rojo o azul; el silicio, que es un semiconductor, se vuelve conductor, y las reacciones químicas consiguen ser extraordinariamente eficientes.

Esto implica diseñar materiales con propiedades nuevas y desmontar productos complejos para recuperar sus componentes más valiosos. En definitiva, alcanzar un sistema de reciclaje de materia casi perfecto.

Nanobots recicladores: el ejército de limpieza molecular

Es uno de los conceptos más visionarios de la ciencia ficción, pero con una base física plausible: enjambres de nanorrobots o nanobots programados para desensamblar residuos.

Estos dispositivos moleculares, equipados con sensores y herramientas enzimáticas, identificarían tipos específicos de moléculas (por ejemplo, los enlaces carbono-carbono de los plásticos) y los romperían de forma controlada en sus monómeros originales (bloques de construcción), que podrían reutilizarse para fabricar plástico nuevo de calidad virgen. Sin embargo, la física, como siempre, impone sus límites. En primer lugar, ¿cómo alimentar billones de estos dispositivos? Las soluciones teóricas incluyen recolectar energía química del entorno (como hace una célula al usar la glucosa) o utilizar campos electromagnéticos externos. No obstante, ahora mismo no hay baterías lo bastante pequeñas.

Además, ¿cómo coordinar el movimiento de una especie de enjambre de tamaño invisible? Se investiga el uso de señales químicas (feromonas artificiales que imiten las señales de los insectos sociales) o campos magnéticos para guiarlos, pero aún no poseemos un sistema de control capaz de funcionar de manera fiable en un entorno tan caótico.

Por último, también debemos considerar el escenario de la plaga gris, conocida como *grey goo*, una hipótesis especulativa popularizada por el ingeniero Eric Drexler. Si un nanobot autorreplicante sufriera un error de programación y comenzara a replicarse sin control, consumiendo a su paso toda la materia de la Tierra para fabricar más copias de sí mismo, podría convertir la biosfera en una masa indiferenciada de nanobots. Aunque los expertos consideran este escenario altamente improbable (la autorreplicación es muy compleja y la evolución nos demuestra que los sistemas se autorregulan), subraya la necesidad de protocolos de seguridad estrictos, como incluir «genes de suicidio» que los inactiven tras un número determinado de replicaciones.

Aplicaciones reales y presentes: nanopartículas remediadoras

Mientras que los nanobots son aún ciencia ficción, la nanorremediación es una realidad. Esto se basa en el uso de nanopartículas diseñadas para descomponer contaminantes de forma específica. Vamos dos tipos:

- **Nanopartículas de hierro cero-valente (nZVI).** Estas partículas de hierro de tamaño nanométrico son altamente reactivas. Cuando se inyectan en un acuífero contaminado con disolventes clorados (como el tricloroetileno) o metales pesados, el hierro actúa como un agente reductor, donando electrones y descomponiendo los contaminantes en sustancias menos tóxicas o inocuas (eteno y cloruro). Es una «química de descontaminación» a escala microscópica.
- **Capturadores moleculares.** Se trata de estructuras como las metal-orgánicas (MOF, por sus siglas en inglés) que son marcos porosos con una superficie interna enorme (un gramo puede tener la superficie de un campo de fútbol). Se pueden diseñar para que sus poros tengan el tamaño y la forma exactos para atrapar y almacenar moléculas específicas, como el dióxido de carbono de la atmósfera o el metano. Las investigaciones del profesor Omar Yaghi de la Universidad de Berkeley son pioneras en este campo. Es algo así como crear una esponja inteligente a nivel molecular.

Tabla 3. Los distintos métodos de limpieza molecular.

Tecnología	Escala / principio	Aplicación	Estado de desarrollo
Nanopartículas nZVI	Nano / Reducción química	Descontaminación de aguas subterráneas (disolventes, metales)	Comercial / uso en sitios contaminados
MOF (capturadores)	Nano / absorción selectiva	Captura de CO_2, almacenamiento de hidrógeno, purificación de gases	Investigación avanzada / primeros pilotos
Membranas de grafeno	Nano / filtración por poros	Desalinización ultraeficiente, filtrado de microplásticos	Investigación intensiva / prototipos
Nanobots recicladores	Molecular / ensamblaje-desensamblaje	Descomposición molecular de residuos complejos	Teórico / concepto en fase de laboratorio

1.2.4. La solución imposible: la antimateria como borrador universal

Llegamos al límite teórico absoluto del reciclaje. Si la nanotecnología desensambla, la antimateria aniquila. Es el proceso de destrucción más perfecto que conocemos y, paradójicamente, nos enseña sobre la imposibilidad práctica del «residuo cero».

197

El proceso físico perfecto: la aniquilación

La antimateria es la «imagen especular» (invertida) de la materia. Para cada partícula de materia (electrón, protón), existe una antipartícula (positrón, antiprotón) con la misma masa, pero con carga eléctrica opuesta. Cuando una partícula y su antipartícula se encuentran, se aniquilan la una a la otra, convirtiendo toda su masa combinada en energía, según la ecuación más famosa de la física: $E = mc^2$.

Por ejemplo, la aniquilación de un electrón y un positrón produce dos fotones de rayos gamma con una energía muy específica de 511 kilos electronvoltios (keV) cada uno. No queda rastro de la materia original. Es el «borrado» definitivo.

Eficiencia del cien por ciento: el estándar de oro imposible

Comparado con cualquier otro proceso (como la incineración, que convierte solo una fracción de la masa en energía útil, o el reciclaje, que siempre tiene pérdidas), la aniquilación materia-antimateria es el estándar de oro. En teoría, aniquilar un kilogramo de basura con otro de antimateria liberaría:

$$E = (2 \text{ kg}) * (3 \times 10^8 \text{ m/s})^2 = 1,8 \times 10^{17} \text{ jul}$$

Esta es una energía colosal, equivalente a la explosión de unos 43 megatones de TNT, más que la bomba nuclear más poderosa jamás detonada. Aquí radica el primer y mayor problema, aunque no es el único. Veamos los tres desafíos insalvables a los que por ahora nos enfrentamos:

- **Producción (la ineficiencia máxima).** La antimateria no se puede extraer, hay que crearla en aceleradores de partículas, como el LHC (del CERN). Allí se producen choques de alta energía que generan pares, partícula-antipartícula. El problema es la eficiencia energética, pues para crear un solo gramo de antiprotones, se necesitaría consumir miles de veces más energía de la que liberaría su aniquilación. Es el método de producción más ineficiente imaginable.
- **Almacenamiento (contener lo incontenible).** ¿Dónde se guarda una sustancia que se destruye al contacto con cualquier pared de materia normal? La única solución teórica son las trampas de Penning, que utilizan potentes campos magnéticos y eléctricos para confinar las antipartículas en vacío ultraalto, suspendidas en el centro de la trampa sin tocar las paredes. El LHC puede almacenar antiprotones durante semanas, pero las cantidades son ínfimas (millonésimas de gramo). Almacenar gramos o kilos requeriría instalaciones del tamaño de ciudades con campos magnéticos de una intensidad hoy por hoy inimaginable.
- **Control de la energía (la ingeniería del apocalipsis).** Liberar la energía de la aniquilación de forma controlada y útil es un desafío de ingeniería que supera nuestra capacidad actual. No es una reacción en cadena que se

pueda moderar como en un reactor nuclear; es una liberación instantánea y total de energía de rayos gamma de extrema penetración. Diseñar un «reactor de aniquilación» que convierta esta energía en calor útil de forma segura está en el reino de la especulación pura.

2. CONCLUSIONES

A lo largo de este capítulo, hemos recorrido un camino que va desde la inmensidad de los océanos hasta la intimidad de las partículas subatómicas. Hemos visto cómo la física no es solo una disciplina abstracta, sino la caja de herramientas esencial para rediseñar nuestra presencia en la Tierra.

La desalinización nos enseña que podemos dominar los ciclos hidrológicos si entendemos y superamos la presión osmótica. Los cultivos verticales demuestran que la comida puede ser un producto de ingeniería de precisión, donde la óptica y la termodinámica sustituyen a la tierra y el clima. La economía circular y los materiales avanzados nos muestran que podemos imitar a los ecosistemas naturales, luchando contra la entropía con inteligencia y diseño. La nanotecnología nos ofrece un futuro donde la contaminación se desmonta molécula a molécula. E incluso el callejón sin salida de la antimateria nos deja una lección profunda sobre los límites y las posibilidades de la conversión de energía.

Estas soluciones, en conjunto, pintan un futuro no de escasez y restricción, sino de abundancia gestionada inteligentemente. No se basan en milagros, sino en la aplicación profunda de leyes naturales que hemos tardado siglos en comprender. La sostenibilidad, por tanto, no es un regreso a un pasado idealizado, sino el siguiente escalón en la evolución tecnológica de la humanidad, uno que debe estar fundamentado en el respeto por los ciclos planetarios y guiado por la luz de la ciencia.

El mensaje de este capítulo es de esperanza, pero una esperanza activa, construida con ecuaciones, experimentos y una fe inquebrantable en la capacidad de la razón humana para resolver los problemas que ella misma ha creado. Quedarnos no es la opción por defecto, pero sí la más audaz y transformadora que podemos elegir.

IV

ENTENDIENDO NUESTRO HOGAR: LA FÍSICA COMO ARQUITECTA DE SOLUCIONES A ESCALA PLANETARIA

1. EL HOGAR COMO SISTEMA FÍSICO COMPLEJO

Nuestro planeta representa el paradigma definitivo de sistema complejo. Desde el vaivén en apariencia caprichoso de las mareas hasta el modo en que un apagón en una ciudad puede afectar a redes eléctricas enteras, pasando por cómo una sequía en un lugar altera los precios de los alimentos en otro o cómo la desaparición de unas abejas en un huerto termina pasando factura a la cosecha completa, la Tierra funciona como una entidad única donde interactúan procesos a múltiples escalas espacio-temporales. Comprender este sistema —nuestro hogar colectivo— trasciende la mera observación cualitativa. Exige la aplicación rigurosa del lenguaje universal que describe el comportamiento de la materia y la energía: el lenguaje de la física matemática.

Si en el capítulo anterior hablábamos de cómo reimaginar el ciclo del agua, la agricultura y el reciclaje, este desarrolla la tesis central de que los principios físicos fundamentales constituyen el andamio intelectual indispensable para diseñar, implementar y gestionar soluciones viables a los desafíos globales del siglo XXI. Frente a problemas de escala planetaria como la crisis climática, la transición energética, la escasez hídrica o la degradación de ecosistemas, las aproximaciones superficiales o meramente políticas resultan insuficientes e incluso contraproducentes. Se requieren intervenciones basadas en una comprensión cuantitativa y profunda de los mecanismos subyacentes. La física, al proporcionar las herramientas para modelar estas relaciones con precisión predictiva, nos dota de la capacidad única de anticipar —dentro de márgenes de error conocidos y cuantificables— las consecuencias de nuestras acciones a gran escala.

A continuación desplegaremos tres niveles de aplicación:

- **La escala macroscópica.** Se trata de ingeniería basada en principios fundamentales. Analizaremos cómo la aplicación directa de leyes físicas bien establecidas (termodinámica, mecánica de fluidos, electromagnetismo) permite emprender «proyectos heroicos» que modifican el paisaje y redefinen las capacidades humanas, demostrando un dominio tangible sobre fuerzas naturales de magnitud geológica.

- **La escala cósmica.** Esto es, el universo como laboratorio de validación. Exploraremos cómo el estudio del cosmos en su totalidad (cosmología) actúa como un banco de pruebas único para la física fundamental. Las tecnologías desarrolladas para observar el universo y las lecciones aprendidas de su evolución tienen aplicaciones críticas e inesperadas en la resolución de problemas terrestres.

- **La escala digital.** Se basa en la simulación y la predictibilidad mediante IA y física computacional. Nos adentraremos en la frontera donde la física clásica se fusiona con la inteligencia artificial y la computación de alto rendimiento. Esta unión permite la creación de «gemelos digitales» de sistemas complejos, desde el clima global hasta la economía, facilitando la simulación de futuros posibles y la optimización de decisiones presentes con un grado de precisión sin precedentes.

Este recorrido no es solo una exposición de logros tecnológicos, sino también una reflexión sobre la responsabilidad que conlleva el conocimiento. La capacidad de alterar sistemas a escala planetaria implica una obligación ética proporcional. La física nos indica lo que en teoría es posible, pero debe ser la sabiduría colectiva, informada por la ciencia, la que guíe lo que es éticamente deseable. Este capítulo es, en última instancia, una defensa del pensamiento sistémico, la cuantificación rigurosa y la evidencia científica como pilares no negociables para la construcción de un futuro viable y resiliente para la humanidad.

2. PROYECTOS A GRAN ESCALA: LA INGENIERÍA QUE DESAFÍA LAS FUERZAS PLANETARIAS

La aplicación práctica de la física en proyectos de ingeniería a gran escala representa la materialización más tangible del conocimiento teórico. Estos proyectos no solo resuelven problemas prácticos —como transportar agua, generar energía o construir infraestructuras seguras—, sino que encarnan una comprensión profunda de las fuerzas naturales que operan a nivel planetario.

2.1. De los principios físicos a las soluciones masivas

2.1.1. Ingeniería de presas: una batalla contra la gravedad y la presión

La construcción de presas es quizá uno de los ejemplos más antiguos y elocuentes de la aplicación de la física para dominar el entorno. Lo vimos en civilizaciones como Mesopotamia y los romanos, de quienes sin duda hemos heredado la gestión hidráulica y algunas de cuyas construcciones siguen en funcionamiento, levantaban presas, acueductos y sistemas de alcantarillado para controlar el agua. Lejos de ser una simple barrera, una presa moderna es un sistema complejo donde interactúan múltiples principios físicos.

Fundamentos termodinámicos y mecánicos

El principio fundamental en una presa es la transformación de energía. El agua almacenada en un embalse posee una enorme energía potencial gravitatoria, cuantificada por la ecuación $Ep = m * g * h$, donde m es la masa de agua, g la aceleración gravitatoria (9,8 metros por segundo al cuadrado) y h la altura del salto. En la presa de las Tres Gargantas (China), con una altura de 181 metros y un caudal máximo turbinable de aproximadamente 110.000 metros cúbicos por segundo, la potencia teórica instantánea es astronómica. Sin embargo, la segunda ley de la termodinámica impone un límite fundamental: la eficiencia de conversión nunca puede ser del 100%. Las pérdidas por fricción en los conductos, la turbulencia en las turbinas y la resistencia eléctrica en los generadores convierten parte de la energía útil en calor disipado. Las centrales más eficientes logran rendimientos del 90-95%, un testimonio de la optimización basada en principios físicos. Es decir, al igual que cuando frotas tus manos estas se calientan y se convierten en esa energía que se disipa en forma de calor, las presas experimentan lo mismo, y se produce porque esa energía mecánica se transforma en energía térmica. No desaparece, sino que se transforma.

Por tanto, el diseño de los aliviaderos, que actúan como desagües, y los conductos forzados es crítico. Esto se denomina mecánica de fluidos computacional (CFD, por sus siglas en inglés). El flujo de agua a alta velocidad es turbulento, gobernado por las complejas ecuaciones de Navier-Stokes; así, los ingenieros utilizan simulaciones CFD para predecir patrones de flujo, presiones y fenómenos destructivos como la cavitación. Este fenómeno ocurre cuando la presión local del fluido cae por debajo de su presión de vapor, formándose burbujas que colapsan con violencia al llegar a zonas de mayor presión, lo que erosiona el metal de las turbinas y, por supuesto, supone mayor residuo de energía. El número de cavitación (σ) es un parámetro adimensional $\sigma = (p - pv) / (0,5 * \rho * v^2)$, donde p es la presión estática, pv la presión de vapor y v la velocidad del fluido. Mantener σ por encima de un valor crítico es esencial para la longevidad de la infraestructura.

Geotecnia y sismología aplicada: la interacción con la corteza terrestre

La estabilidad de una presa no depende solo de su estructura, sino de su interacción con la geología subyacente. La geotecnia aplica principios de la mecánica de suelos y rocas para analizar la cimentación. Para ello tiene en cuenta distintos factores:

- **Presión de poro.** El agua no solo empuja la presa; también se filtra por el suelo y la roca de los cimientos, generando una presión de poro. Un aumento excesivo de esta presión puede reducir la fricción entre las partículas del suelo, lo que puede causar licuefacción durante un sismo, que implica que el suelo sólido se comporta temporalmente como un líquido, con consecuencias catastróficas. Por ello, el monitoreo continuo de la presión de poro mediante piezómetros es una práctica estándar. Es como cuando estás en la orilla de la playa, mueves los pies y estos se te hunden en la arena húmeda. Esto ocurre porque el agua entre los granos de arena aumenta la presión y separa las partículas, durante unos segundos pierde su resistencia y se licúa. En 1964 se produjo un terremoto en Niigata (Japón); debido a la cercanía de algunas zonas al puerto, con arena muy húmeda, cuando el sismo tuvo lugar el suelo perdió su firmeza y se comportó como un líquido, inclinando o tumbando edificios que no llegaron a derrumbarse del todo.

- **Análisis sísmicos.** Las presas situadas en regiones sísmicas, como la de Hoover en Estados Unidos, deben diseñarse para resistir aceleraciones del terreno. Los ingenieros realizan análisis dinámicos por elementos finitos, que modelan la estructura y el terreno como una malla de pequeños elementos. Aplicando las ecuaciones del movimiento, simulan cómo se propagan las ondas sísmicas y cómo responde el sistema completo. El Proyecto de la Presa de Itaipú (entre Brasil y Paraguay) incluyó uno de los estudios geotécnicos más exhaustivos de la historia, con perforaciones profundas y análisis de muestras para garantizar la estabilidad sobre la formación de basaltos de la región.

2.1.2. Redes eléctricas continentales: el ballet de los electrones y la estabilidad dinámica

Una red eléctrica es un sistema complejo en tiempo real que debe mantener un equilibrio perfecto entre generación y consumo. Su operación es un ejercicio aplicado de electromagnetismo y teoría de control.

El problema del balance en tiempo real y la frecuencia

La electricidad en corriente alterna (CA) se caracteriza por su frecuencia (50 hercios en Europa, 60 hercios en América). Esta frecuencia es un indicador directo del equilibrio energético. Según la ley de conservación de la energía y la segunda ley de Newton aplicada a los generadores sincrónicos, un aumento repentino del consumo (por ejemplo, cuando millones de personas encienden sus televisores ante un evento deportivo) ejerce un par resistente (un obstáculo) sobre los rotores de los generadores, frenándolos ligeramente y reduciendo la frecuencia. Lo contrario ocurre si el consumo cae. Los sistemas de control automático de generación (CAG) detectan estas desviaciones en milisegundos y envían señales a las centrales para que ajusten su potencia (aumentando el vapor a una turbina, por ejemplo) y restauren así la frecuencia a su valor nominal. Un desvío sostenido de solo 0,5 hercios puede desencadenar protecciones que desconecten generadores, lo que lleva a un colapso en cascada.

Estabilidad transitoria y el riesgo de apagones en cascada

Un fallo local, como un cortocircuito causado por un árbol que toca una línea de transmisión, puede desestabilizar toda la red. La estabilidad transitoria estudia la respuesta de los generadores en los primeros segundos tras una perturbación. Cuando ocurre un cortocircuito, la potencia eléctrica que puede entregar un generador cae bruscamente. Sin embargo, la potencia mecánica de entrada desde la turbina permanece constante durante unos instantes. Esta diferencia de potencia acelera el rotor del generador fuera de sincronía con el resto de la red. Los modelos matemáticos, basados en ecuaciones diferenciales no lineales (la «ecuación del péndulo» para cada generador), predicen si el sistema recuperará la estabilidad una vez haya pasado la falla o si los generadores se desvincularán los unos de los otros y necesitarán su desconexión. El apagón de India de 2012, que afectó a 620 millones de personas, fue un caso de inestabilidad transitoria mal gestionada. Estudios recientes del IEEE (Instituto de Ingenieros Eléctricos y Electrónicos) utilizan la teoría de grafos y la física de sistemas complejos para identificar «nodos críticos», cuya protección prioritaria puede evitar el colapso total. Sin ir más lejos, el apagón del 28 de abril de 2025 supuso un corte eléctrico generalizado en la península ibérica que también afectó a Portugal, Andorra y a algunas zonas del sur de Francia. El Gobierno español concluyó que se debió a una cascada de sobrevoltaje, una oscilación en el flujo de potencia que la red no pudo amortiguar y la desconexión de un generador tras otro creó un efecto dominó que tardó en reinstaurarse más de veinticuatro horas en algunos casos.

2.1.3. El reactor de fusión nuclear ITER: confinando un pequeño Sol en la Tierra

El compromiso inquebrantable con la fusión nuclear (ITER y más allá)

Si tuviéramos que identificar un solo emprendimiento tecnológico que encapsule la esencia del «nuevo pacto» entre la humanidad y las leyes del universo, ese sería, sin duda, la búsqueda de la energía de fusión nuclear. De todas las inversiones posibles que nuestra civilización puede realizar, el apoyo decidido al reactor ITER (Reactor Termonuclear Experimental Internacional) se erige como la que posee el potencial de convertirse en el punto de inflexión más positivo en nuestra historia energética, un salto cualitativo comparable al dominio del fuego o a la revolución industrial. Apoyarlo no constituye un gasto suntuoso ni un capricho científico; es, simple y llanamente, la mejor póliza de seguro a largo plazo para la civilización. Constituye la materialización tangible de un principio fundamental que recoge este libro: que nuestro futuro no depende de la mera explotación de recursos finitos, sino de la aplicación deliberada de la inteligencia para dominar las fuerzas fundamentales que rigen la naturaleza.

De la ciencia ficción a la ingeniería de vanguardia: el linaje científico del ITER

A menudo se caricaturiza la fusión como la tecnología «siempre a treinta años de distancia». Esta crítica, aunque comprensible, ignora por completo la trayectoria de progreso científico acumulativo, verificable y empírico que subyace a proyectos como ITER. No nos encontramos ante una quimera, sino ante la culminación de ocho décadas de investigación metódica en física de plasmas.

Para apreciar la solidez del ITER, es esencial entender su linaje científico. Este reactor no se diseñó sobre un lienzo en blanco, sino que se erige sobre los hombros de una legión de dispositivos pioneros que han validado, paso a paso y de forma exhaustiva, los principios del confinamiento magnético en configuración tokamak.* El Joint European Torus (JET),

---

* El tokamak (acrónimo ruso de «cámara toroidal con bobinas magnéticas») es un dispositivo experimental diseñado para confinar un plasma muy caliente mediante el uso de potentes campos magnéticos.

ubicado en el Reino Unido, ha sido el caballo de batalla de la fusión europea durante décadas. En 1997, logró un hito histórico: producir 16 megavatios (MW) de potencia de fusión, alcanzando un factor de ganancia Q de 0,67. Esto significa que el reactor generó el 67 % de la energía que se invirtió en calentar el plasma. Paralelamente, el TFTR (Tokamak Fusion Test Reactor) en Princeton, Estados Unidos, y el JT-60 en Naka, Japón, aportaron millones de datos cruciales sobre el comportamiento, la estabilidad y el calentamiento del plasma. El ITER es, en esencia, la extrapolación a escala monumental de estos éxitos demostrados. Su diseño es muy conservador desde el punto de vista físico, pues no apuesta por fenómenos nuevos o no verificados, sino por lograr, de forma integrada y sostenida, los parámetros de plasma (temperatura, densidad y tiempo de confinamiento) que, según las ecuaciones probadas en dispositivos más pequeños, deben producir de manera inexorable una ganancia neta de energía.

La escala del salto que representa el ITER se visualiza con claridad al compararlo con su predecesor más exitoso, el JET. Mientras que este último opera con un volumen de plasma de unos 100 metros cúbicos, el ITER albergará 840 metros cúbicos, un aumento de más de ocho veces que permite un mejor confinamiento y una producción energética muy superior. El récord de energía de fusión del JET, de 16 megavatios en pulsos cortos, pronto se verá empequeñecido por el objetivo del ITER de generar 500 megavatios de potencia térmica de fusión de manera sostenida durante pulsos de trescientos a quinientos segundos. Pero la métrica más crucial es el factor de ganancia Q. Donde el JET alcanzó un Q de 0,67, el ITER tiene como objetivo demostrar de manera inequívoca un $Q \geqslant 10$. Esto significa que por cada unidad de energía externa que se invierta en calentar y confinar el plasma, el reactor producirá diez unidades de energía a través de la fusión nuclear. Es importante contextualizar que este valor Q se refiere a la energía de fusión frente a la energía de calentamiento del plasma, no a la eficiencia global de la planta para convertir el calor en electricidad. No obstante, un $Q \geqslant 10$ constituye la prueba científica indispensable, el santo grial experimental que abrirá la puerta a la fase siguiente: el reactor de demostración comercial.

Los pilares del éxito: un compromiso que trasciende lo científico

El triunfo del ITER y el consiguiente camino hacia la fusión comercial no dependen exclusivamente de que la física se comporte como predicen los modelos. Su éxito es también una función de un compromiso social, político y económico sin precedentes, que debe ser tan robusto y estable como los propios imanes superconductores del reactor. Por ello, para que toda esta investigación implique de verdad un avance factible, es necesario analizar los retos y las ventajas que presenta:

- **El desafío de la financiación.** La fusión es, quizá, la víctima perfecta de lo que podríamos llamar «la tiranía del corto plazo». Los ciclos electorales de cuatro o cinco años son incompatibles con proyectos cuyos horizontes se miden en décadas. La solución requiere de una visión que trascienda gobiernos y colores políticos. Es imperativo establecer consensos donde los acuerdos de financiación se estudien con la misma seriedad que un tratado internacional o un programa de defensa nacional, blindados por mayorías parlamentarias amplias y estables. Deben enmarcarse no como un gasto, sino como la inversión estratégica definitiva en la soberanía energética y el liderazgo tecnológico del futuro.

En paralelo, el surgimiento de un ecosistema híbrido público-privado es una de las evoluciones más prometedoras de la última década. Mientras el ITER allana el camino científico a escala monumental, empresas como Commonwealth Fusion Systems (CFS), surgida del MIT y respaldada por capital de riesgo significativo, está adoptando un enfoque más ágil. CFS está desarrollando SPARC, un tokamak compacto que utiliza una nueva generación de superconductores de alta temperatura (cintas de REBCO) para generar campos magnéticos mucho más intensos. Este enfoque permite concebir dispositivos más pequeños y potencialmente más económicos, con el objetivo de alcanzar $Q > 1$ de forma más rápida. En una vía muy diferente, TAE Technologies explora el confinamiento por campo invertido, un diseño que podría ser más adecuado para una reacción de fusión aneutrónica (utilizando hidrógeno-boro), la cual produciría muchos menos neutrones y simplificaría los desafíos de los materiales. Estas empresas no compiten con el ITER; al contrario, complementan su labor de forma vital. Exploran caminos alternativos, inyectan agilidad e innovación en el campo, y crean un panorama de I+D más diverso y resiliente. Los gobiernos deben fomentar estratégicamente este ecosistema con incentivos fiscales, asociaciones público-privadas y programas de financiación conjunta.

- **La formación de capital humano.** El valor del ITER no se medirá solo en megavatios o factores Q, sino en una moneda igual de valiosa: «cerebros por hora» de altísima especialización. El proyecto actúa, *de facto*, como una universidad global para una generación de científicos e ingenieros que están adquiriendo una experiencia sin parangón en disciplinas de frontera. Entre ellas destacan la física de plasmas de alta temperatura, que implica comprender y controlar el «cuarto estado de la materia» en condiciones más propias del interior de una estrella; la criogenia a escala industrial, necesaria para gestionar los sistemas que mantienen los imanes superconductores a apenas 4 grados Kelvin (− 269 °C), cerca del cero absoluto; y la ciencia de materiales bajo bombardeo de neutrones de alta energía, dedicada a desarrollar aleaciones avanzadas que puedan soportar el daño radiactivo en la «primera pared» del reactor, uno de los desafíos de ingeniería más formidables. Este conocimiento, esta «universidad invisible», es un activo que se filtrará y enriquecerá otras industrias de alta tecnología, desde la aeronáutica y la ciencia de materiales hasta la computación cuántica y la medicina, incluso si la fusión comercial llegara a demorarse más de lo previsto.

- **Gestionando el «valle de la desilusión».** La promesa casi utópica de la fusión genera, por contraste, un riesgo elevado de desilusión pública. Una comunicación honesta es, por tanto, una obligación ética y una estrategia de supervivencia para el proyecto.

- **No es la solución para la crisis climática inmediata.** Es crucial repetir hasta la saciedad que el ITER es un experimento científico. No producirá un solo vatio de electricidad para la red. Su sucesor, DEMO (un reactor de demostración comercial), no se espera que esté operativo antes de 2050, en el mejor de los escenarios. La fusión llegará, casi con certeza, demasiado tarde para las críticas metas de descarbonización de 2030 o 2040. Su papel trascendental es evitar que la crisis climática se convierta en la condición permanente e irreversible de la civilización, ofreciendo una salida a largo plazo. Por tanto, la narrativa pública debe presentar a la fusión no como una varita mágica para el presente, sino como el proyecto que puede proporcionar, para la segunda mitad del siglo XXI, la energía base, constante, masiva y ubicua que permita sostener una civilización global de diez mil millones de personas con un alto nivel de vida. Es la energía que podría hacer viables, de forma simultánea y a gran escala, la desalinización global para acabar con la escasez hídrica, el reciclaje absoluto de materiales para cerrar los ciclos, y la remediación activa del medio ambiente, todo ello sin las limitaciones de intermitencia o la enorme huella territorial de algunas energías renovables.

La fusión como encarnación del nuevo pacto: la elegancia de la solución física última

Más allá de sus impresionantes características técnicas, la fusión nuclear representa la máxima expresión filosófica del nuevo pacto con las leyes del universo. Su elegancia reside en cómo se alinea con principios de abundancia, seguridad y sostenibilidad de una manera que ninguna otra fuente energética ha logrado. ¿Qué nos aporta por tanto la fusión con respecto a otras formas de producir energía?

- **Abundancia inimaginable y democratización energética.** El combustible primario de la fusión es el deuterio, un isótopo del hidrógeno que puede extraerse de manera sencilla del agua del mar. Un solo litro de agua contiene, en su deuterio, el potencial energético equivalente a la combustión de 300 litros de gasolina. El tritio, el otro isótopo necesario, puede generarse «en criaderos» dentro del propio reactor, bombardeando litio con los neutrones producidos en la fusión. Dado que el litio es un elemento abundante en la corteza terrestre y en los océanos, se disipa por completo el fantasma de la geopolítica de los recursos fósiles. Cualquier nación con acceso al mar tendría, en principio, combustible para milenios.

- **Seguridad intrínseca.** La física misma del proceso de fusión impone una seguridad radical. Un reactor de fusión basado en confinamiento magnético es incapaz de sufrir un accidente de fusión del núcleo como los que pueden ocurrir en un reactor de fisión. El plasma es un estado de la materia tan delicado e inestable que cualquier perturbación significativa en el preciso equilibrio del confinamiento magnético, o cualquier interrupción en el suministro de combustible, provoca que el plasma se enfríe y se extinga de forma natural en cuestión de milisegundos, lo que detiene la reacción en cadena de manera instantánea. Por tanto, no existe posibilidad alguna de una reacción descontrolada.

- **Limpieza radical y gestión de residuos simplificada.** El proceso de fusión no produce gases de efecto invernadero. Los productos directos de la reacción deuterio-tritio son helio, un gas noble inocuo y útil, y neutrones de alta energía. Si bien estos neutrones activan estructuralmente los materiales que componen la primera pared del reactor, los residuos radiactivos generados no son los temibles actínidos de vida larga propios de la fisión. Los isótopos radiactivos resultantes tienen vidas medias bastante más cortas, lo que reduce los periodos de almacenamiento en repositorios geológicos profundos de decenas de miles de años a apenas unas décadas o siglos, un desafío de ingeniería manejable.

El principio físico E = mc² en acción

La fusión nuclear es el proceso que alimenta las estrellas durante miles de millones de años. Consiste en fusionar núcleos de átomos ligeros (isótopos de hidrógeno: deuterio y tritio) para formar uno más pesado (helio). La masa del núcleo de helio resultante es ligeramente menor que la suma de las masas del deuterio y el tritio. Esta minúscula diferencia de masa (Δm) se convierte en una cantidad colosal de energía (E) según la ecuación de Einstein, $E = \Delta m * c^2$, donde c es la velocidad de la luz (3×10^8 metros por segundo). Un gramo de combustible de fusión puede liberar tanta energía como ocho toneladas de petróleo.

El desafío de la ingeniería extrema: el confinamiento magnético

A finales del siglo XVIII Charles Augustin de Coulomb descubrió la relación entre cargas eléctricas y la fuerza que ejercen entre sí. Para ello utilizó una balanza de torsión formada por una varilla suspendida de un hilo muy fino. Al aplicar fuerza sobre la varilla, el hilo se retorcía formando un ángulo que, si se medía, determinaba la intensidad de la fuerza. Repitió el proceso, pero esta vez cargó eléctricamente dos esferas y midió la fuerza de repulsión o atracción entre ellas; así observó que la fuerza variaba según el producto de las cargas y de forma inversamente proporcional al cuadrado de la distancia. A esto se lo conoció como ley de Coulomb.

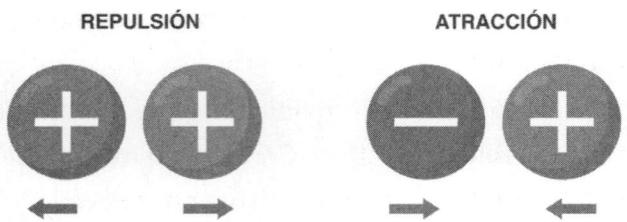

Figura 29. Ley de Coulomb.

¿Qué tiene que ver esto con la fusión? El principal obstáculo de esta es la fuerza electrostática de repulsión (ley de Coulomb) entre los núcleos, todos cargados positivamente. Para superarla, es necesario calentar el combustible a temperaturas superiores a los 150 millones de grados Celsius, creando un plasma (un gas ionizado). A estas temperaturas, los núcleos se mueven tan rápido que pueden vencer la repulsión y fusionarse. Ningún material puede contener este plasma. La solución es el confinamiento magnético.

El ITER utiliza un reactor toroidal (con forma de dónut) llamado tokamak. Potentísimos imanes superconductores que rodean la cámara crean un «campo magnético toroidal» que atrapa las partículas cargadas del plasma, obligándolas a moverse en espiral a lo largo de las líneas de campo sin tocar las paredes, lo que evita que se enfríen de golpe y dañen el reactor.

Para generar campos magnéticos de hasta 13 teslas (doscientas mil veces el campo terrestre) de manera eficiente, los electroimanes deben ser superconductores. Esto implica enfriarlos criogénicamente a apenas 4,2 grados Kelvin (- 269 °C) usando helio líquido. El ITER es una máquina de contrastes extremos: contendrá el lugar más frío del universo conocido junto al plasma más caliente del sistema solar.

Como ya vimos, algunos experimentos predecesores allanaron el camino. El reactor JET, el mayor tokamak operativo hasta la fecha, estableció en 2022 un récord mundial al generar 59 megajulios de energía de fusión sostenida durante cinco segundos. En paralelo, empresas privadas como CFS están desarrollando tokamaks más compactos usando superconductores de alta temperatura (REBCO) que permiten campos magnéticos aún más intensos, acelerando el camino hacia reactores comerciales más pequeños y económicos.

2.2. Proyectos de geoingeniería y restauración ecosistémica

2.2.1. La Gran Muralla Verde africana: reingeniería de un continente a través de la física de la vida

África es el tercer continente más extenso de la Tierra tras Asia y América, con unas características ecológicas, climáticas, sociales y geopolíticas únicas y perfectas para un experimento a escala planetaria. La Gran Muralla Verde (GGW, por sus siglas en inglés) trasciende por completo la definición de un simple proyecto de reforestación. Es una iniciativa geopolítica y geobiofísica sin precedentes, una apuesta audaz por utilizar la vegetación como una herramienta de ingeniería climática a escala continental. Concebido en 2007 por la Unión Africana, su visión es combatir la desertificación no como un síntoma aislado, sino como un fallo sistémico en los ciclos de energía y agua del Sahel. Su objetivo cuantificable —restaurar 100 millones de hectáreas de tierra degradada para 2030, creando un mosaico de 8.000 kilómetros de largo de bosques, tierras de cultivo y vegetación natural— lo convierte en el laboratorio de restauración ecológica más grande del planeta, un experimento vivo cuyos resultados redefinirán nuestra capacidad para gestionar activamente los ecosistemas terrestres.

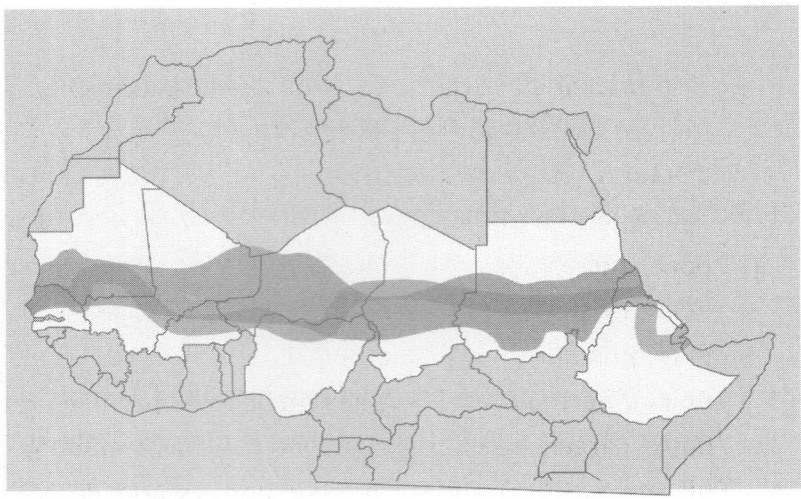

Figura 30. Iniciativa de la Gran Muralla Verde.

Mecanismos físicos detallados: tejiendo un nuevo clima con raíces y hojas

Los seres humanos hemos tardado en comprender la importancia que tiene la vida vegetal en la sostenibilidad de nuestro planeta. Por ello, la magia del GGW no es biológica, sino física. Su poder reside en su capacidad para reescribir el balance energético de la superficie terrestre, iniciando una cascada de procesos interconectados. Veamos paso a paso cómo reconfiguraría el éxito de este proyecto el panorama ecológico africano:

1. **El punto de partida.** La superficie del desierto del Sahel, compuesta principalmente por arena clara y suelo desnudo, posee un albedo alto, es decir, la capacidad del terreno para devolver luz al espacio y calentarse poco, entre 0,30 y 0,45. Esto la convierte en un espejo eficiente que refleja entre un 30 % y un 45 % de la radiación solar de vuelta a la atmósfera. Al introducir una cubierta vegetal —ya sea un bosque, un matorral o una parcela agrícola— el albedo cae drásticamente a un rango de 0,15 a 0,25. Un meticuloso estudio de 2022 publicado en *Nature Climate Change*, que analizó dos décadas de datos del instrumento CERES a bordo de los satélites de la NASA, cuantificó este efecto: las áreas bajo restauración en el Sahel absorben ahora entre 10 y 20 vatios más de energía por metro cuadrado que sus

vecinas degradadas. Sin embargo, el destino de esta energía extra es lo crucial. En lugar de calentar el suelo, es casi en su totalidad destinada a accionar la bomba biológica de la evapotranspiración. Este proceso, que combina la evaporación directa del suelo húmedo y la transpiración de las plantas a través de sus estomas, consume enormes cantidades de calor latente de vaporización. Para convertir un gramo de agua líquida en vapor, se necesitan unos 2.260 julios de energía. Esta energía se extrae del ambiente inmediato —del suelo y del aire— ejerciendo un potente efecto de refrigeración superficial que puede reducir las temperaturas locales en varios grados centígrados. Hasta aquí el resumen sería:

Más vegetación = menos albedo = mayor absorción superficial de energía = mayor evapotranspiración.

2. **El nivel atmosférico.** Este enfriamiento superficial no es un fenómeno pasivo. Genera una anomalía térmica y de presión a mesoescala. La superficie ahora más fría y húmeda bajo la vegetación se convierte en una zona de alta presión relativa en niveles bajos. Las áreas desnudas circundantes, que continúan calentándose con rapidez, mantienen una baja presión relativa. Este desequilibrio actúa como un motor de circulación. Modelaciones climáticas de alta resolu-

ción realizadas con el sistema Weather Research and Forecasting —y validadas con datos de estaciones meteorológicas terrestres— sugieren que este gradiente de presión puede intensificar y profundizar la baja térmica del Sahel, un elemento clave en el monzón de África Occidental. Al crear una «zona de aspiración» más fuerte y extensa, se potencia la capacidad del sistema para captar los vientos húmedos del monzón que fluyen desde el océano Atlántico y el golfo de Guinea. Es un acto de pura ingeniería climática, donde la vegetación es el mecanismo de control. Se establece así un bucle de retroalimentación positiva de gran escala:

Más vegetación = menor albedo y mayor
evapotranspiración = superficie más fría,
pero se calienta y humedece el aire justo sobre
ella = el aire húmedo es menos denso y asciende
con facilidad = la presión en la superficie
disminuye = atracción de más aire de alrededor,
en este caso se genera monzón más vigoroso que
transporta más humedad oceánica hacia el interior
= mayor probabilidad e intensidad de
precipitaciones = más agua disponible para
expandir y sostener la vegetación.

Resultados cuantificables, fracasos aleccionadores y el futuro de la ingeniería del paisaje

El progreso del GGW es un espejo de la complejidad de los sistemas terrestres, donde los éxitos inspiradores coexisten con fracasos que obligan a un replanteamiento profundo.

El informe de progreso de 2023 de la Convención de Naciones Unidas de Lucha contra la Desertificación arroja datos esperanzadores: 18 millones de hectáreas restauradas, el 18 % del objetivo final. Pero detrás de esta cifra hay historias de innovación aplicada. Etiopía, el líder indiscutible con 15 millones de hectáreas recuperadas, lo ha logrado no con una simple plantación, sino con una ingeniería hidrológica de precisión a microescala. La construcción masiva de terrazas de piedra y «medias lunas» (microdepresiones semicirculares) no son meras obras civiles; son dispositivos diseñados para alterar la física del escurrimiento superficial. Estas medias lunas, excavadas en dirección contraria a la pendiente, retienen el agua que, en vez de erosionar el suelo, se acumula en ellas. Así, el tiempo de concentración del agua se incrementa, y esta se filtra más despacio, lo que hace que la vegetación se multiplique y dé lugar a un ciclo del agua renovado y vigorizado. En Níger, el éxito de la Regeneración Natural Gestionada por los Agricultores (FMNR) en 5 millones de hectáreas demuestra el poder de la biofísica aplicada: al podar y proteger los rebrotes de árboles nativos, se aprovechan sistemas de raíces profundos ya establecidos, que actúan como bombas biológicas capaces de acceder a acuíferos subterráneos muy hondos, algo imposible para los plantones jóvenes.

Figura 31. Técnica de las medias lunas en La Geria, Lanzarote.

Sin embargo, la física del suelo también nos da algunas lecciones que debemos considerar e integrarlas en nuestros conocimientos sobre nuestro hogar terrestre. Un impactante estudio de 2023 publicado en la revista *Science* arrojó luz sobre uno de los mayores problemas: las tasas de mortalidad de árboles superan el 60 % en proyectos de plantación a gran escala. Este resultado no es un fracaso de la silvicultura, sino de la física de suelos no caracterizada. Por ejemplo, en suelos degradados del Sahel, la materia orgánica es mínima, lo que destruye la estructura del suelo y colapsa la porosidad. Cuando llega una lluvia, el agua no se infiltra con eficiencia y la mayoría se pierde por escorrentía. La poca agua que queda está retenida en los microporos del suelo con una fuerza enorme, descrita por un potencial matricial extremadamente negativo. Las raíces de un plantón joven no pueden generar una succión lo bastante fuerte para vencer esta fuerza, lo que lo lleva a la muerte por desecación, incluso cuando hay algo de humedad en el suelo. Este es un recordatorio brutal de que se puede tener la semilla perfecta, pero si la física del suelo y del agua no es la correcta, el sistema colapsa.

En consecuencia, la evolución del GGW pasa, por tanto, de ser un proyecto de plantación de árboles a uno de ingeniería hidrológica del paisaje. El foco debe estar en interceptar, almacenar e infiltrar cada gota de lluvia antes de pensar en plantar un solo árbol en el suelo. Esto implica diseñar el terreno como un sistema de captación, utilizando técnicas como bancales de infiltración, zanjas de desvío y microcuencas, que replican la función de los ecosistemas naturales maduros. El GGW del futuro será un proyecto que no luche contra el desierto, sino que diseñe un nuevo régimen hidrológico que haga el desierto inviable. Su éxito final no se medirá solo en hectáreas verdes, sino en milímetros de agua infiltrada, en grados de temperatura reducidos y en un régimen de precipitaciones renovado.

2.2.2. Parques eólicos marinos: los nuevos arquitectos de los ecosistemas marinos

La energía eólica marina, que aprovecha la fuerza del viento en alta mar, ha dejado de ser una fuente de electricidad limpia para convertirse en una fuerza de remodelación geofísica y ecológica a escala marítima. Megaproyectos como Hornsea 2 en el mar del Norte —con sus 1,3 gigavatios de potencia, sus 165 turbinas y su extensión de 462 kilómetros cuadrados— son lo suficientemente masivos como para alterar la interfaz océano-atmósfera. Ya no son granjas; son infraestructuras antrópicas que crean un nuevo tipo de ecología marina y desencadenan una serie de procesos físicos cuyas consecuencias a largo plazo estamos empezando a comprender.

Pero ¿cómo funciona la generación de energía eólica marina? El impacto de estos parques es una lección magistral de transferencia de energía a través de diferentes medios, desde el viento hasta las profundidades marinas.

Cada aerogenerador es un obstáculo colosal en el flujo atmosférico. Algunas investigaciones del Centre for Environment, Fisheries and Aquaculture Science (Cefas) del Reino Unido, empleando radares aerotransportados de Doppler y simulaciones de modelos de grandes torbellinos, han cartografiado con precisión cómo estos obstáculos generan estelas de turbulencia y déficit de velocidad del viento que pueden persistir y extenderse hasta 70 o 100 kilómetros detrás de un gran parque. Esta perturbación no se limita a la atmósfera. La energía cinética turbulenta se transmite cinemáticamente a través de la superficie del mar. El viento en la estela, más lento y turbulento, ejerce un esfuerzo cortante diferente sobre la superficie del agua en comparación con el viento no perturbado. Esto altera la generación de olas y, lo que es más crucial, las turbulencias en la capa superficial del océano. Mediciones directas con perfiladores acústicos de corrientes desplegados alrededor del parque eólico Gemini han confirmado un aumento medible en la energía cinética turbulenta y en la escala de longitud de mezcla de Ozmidov en la columna de agua directamente bajo las estelas atmosféricas.

Veámoslo de una forma más visual. Imagina que soplas sobre una taza de chocolate caliente para enfriarlo. Si lo haces con suavidad y constancia, la superficie apenas se mueve, solo crea pequeñas ondulaciones. Esto sería equiparable a la acción del viento natural sobre el océano. Pero ahora visualiza que delante de tu boca pones una cuchara. El aire sigue pasando, pero se arremolina, pierde velocidad y crea turbulencias detrás del objeto. Si soplas así sobre el chocolate, la superficie comenzará a moverse de manera más caótica, con pequeños remolinos. Esta es la estela.

Los aerogeneradores hacen algo parecido pero a gran escala. El viento choca contra la turbina igual que el aire contra la cuchara. Cuando ese viento turbulento llega al océano, mezcla la capa superficial y agita el agua que tiene debajo.

El hallazgo biogeoquímico más trascendental es el llamado efecto arrecife de viento. La turbulencia inducida por los

Figura 32. Aerogeneradores sobre el mar Báltico.

parques actúa como un mecanismo de mezcla artificial a gran escala. Un estudio integral de 2023, que combinó datos de la constelación de satélites Sentinel-3 (destinada a medir la clorofila superficial, es decir, el estado de la vegetación de la superficie terrestre) con campañas oceanográficas que utilizaron róvers submarinos autónomos, documentó un aumento sostenido de la concentración de clorofila-a en un 10-20 % en las estelas de los parques del mar del Norte durante la temporada de crecimiento primaveral. El mecanismo es una elegante aplicación de la física oceánica: la turbulencia adicional suprime la estratificación térmica de la capa superficial, lo que implica que las aguas calientes y más frías se mezclan. Al aumentar esto, se modifica la distribución estacional de las corrientes, permitiendo que los nutrientes inorgánicos —en especial nitratos y silicatos— asciendan desde el reservorio de aguas profundas y ricas en nutrientes hacia la zona eufótica, la capa iluminada por el sol donde reside el fitoplancton. Este bombeo de nutrientes actúa de manera similar a la surgencia eólica costera, un proceso natural conocido por crear los caladeros más productivos del mundo. El resultado es un pico en la productividad primaria que puede alterar toda la red trófica local, un fenómeno que ha llevado a los científicos a acuñar el término «efecto arrecife de viento».

Impactos cuantificados y el horizonte de la geogobernanza marina

Los efectos medidos son tan multifacéticos que obligan a una reevaluación completa del papel de estas infraestructuras en el mar.

El proyecto de monitorización ECOWind de la Unión Europea ha generado un vasto conjunto de datos. Sus informes confirman que las escolleras de protección alrededor de las bases de las turbinas, hechas de roca apilada, han creado 135 kilómetros cuadrados de nuevo hábitat de arrecife complejo solo en el mar del Norte neerlandés. Este nuevo sustrato duro ha permitido un aumento de la biomasa bentónica en un 450 % en comparación con los fondos de arena circundantes. Especies sésiles como mejillones y anémonas colonizan las rocas, atrayendo a su vez a cangrejos y peces bentónicos. Para especies comerciales como el bacalao del Atlántico (*Gadus morhua*), los parques actúan como zonas de exclusión pesquera *de facto*, permitiendo la recuperación de stocks adultos. Sin embargo, el impacto no es solo positivo. Los estudios de bioacústica marina han demostrado que el ruido de baja frecuencia generado durante la hincadura de pilotes puede causar lesiones auditivas temporales e incluso permanentes en mamíferos marinos como la marsopa común, desplazándolos de sus áreas de alimentación. Además, los campos electromagnéticos generados por los cables de exportación de energía de corriente continua de alto voltaje interfieren con los sistemas de navegación de especies electrosensibles como los tiburones y las rayas, alterando sus patrones de movimiento.

Por tanto, la capacidad demostrada de los parques eólicos para alterar la productividad primaria y secuestrar carbono —el fitoplancton extra captura más dióxido de carbono y parte de este se hunde hacia el fondo marino cuando muere— los sitúa ineludiblemente en el ámbito de la geoingeniería marina no intencional. Esto plantea preguntas de gobernanza de una complejidad abrumadora. Si un parque eólico demuestra acaparar 10.000 toneladas de carbono al año gracias a este efecto, ¿debería recibir créditos de carbono adicionales? Si la expansión masiva de la eólica marina en el mar del Norte altera los patrones regionales de productividad, ¿qué país u organismo es responsable de gestionar y mitigar estos cambios a escala de ecosistema? Un informe prospectivo de 2024 del Instituto de Recursos Mundiales advierte que la capacidad eólica marina global, proyectada a superar los 2.000 gigavatios para 2050, convertirá estos impactos localizados en alteraciones biogeoquímicas de cuenca oceánica. Esto exige con urgencia un marco de gobernanza internacional, tal vez bajo el paraguas de la Organización Marítima Internacional, que deje de tratar los parques eólicos como meras instalaciones energéticas y los considere como modificadores activos del medio marino. El diseño futuro de estos parques podría, y debería, optimizarse no solo para la producción de energía, sino también para la mejora ecológica deliberada, por ejemplo, diseñando las bases para maximizar la complejidad del hábitat o situando los parques en zonas donde la fertilización por turbulencia pueda contrarrestar la estratificación inducida por el cambio climático. Estamos, sin duda, ante el amanecer de una nueva era en la ingeniería de ecosistemas marinos.

3. EL UNIVERSO COMO LABORATORIO

La cosmología, el estudio del universo en su totalidad, proporciona un laboratorio único para probar las leyes de la física en condiciones extremas de energía, densidad y escala, imposibles de recrear en la Tierra.

3.1. Lecciones cósmicas para problemas terrestres

3.1.1. Tecnologías derivadas: del espacio a la sociedad humana

Los seres humanos siempre hemos observado el espacio en busca de respuestas, pero quizá nunca imaginamos que estas tendrían una aplicación directa y revolucionaria en nuestra vida cotidiana. Algunos ejemplos de tecnologías desarrolladas en el espacio, pero que tienen uso terrestre son los siguientes:

- **El sistema de posicionamiento global (GPS)** es la aplicación práctica más conocida de la teoría de la relatividad general de Einstein. Los satélites GPS orbitan a 20.000 kilómetros de altura, donde el campo gravitatorio terrestre es más débil que en la superficie. Según la relatividad general, los relojes en un potencial gravitatorio más alto (más débil) corren más rápido. Además, su velocidad orbital (≈14.000 kilómetros por hora) introduce un efecto de dilatación del tiempo por relatividad especial (los relojes en movimiento van más lentos). La combinación neta es que los relojes atómicos de los satélites se adelantan unos treinta y ocho microsegundos por día respecto a los relojes en tierra. Si este efecto no se corrigiera algorítmicamente, el error de posicionamiento se acumularía a un ritmo de unos diez kilómetros por día, haciendo el sistema del todo inútil en horas. El efecto es el mismo, pero a mayor escala, que el discurrir del tiempo en lugares de alta montaña y la costa, por ejemplo. En la vida cotidiana no lo notamos porque la diferencia es ínfima, pero cuanta más altitud, más deprisa pasan las horas.
- **Rayos gamma y diagnóstico médico.** La tecnología de detectores de centelleo desarrollada para telescopios de rayos gamma como el Fermi Gamma-ray Space Telescope es similar a la utilizada en los escáneres médicos de tomografía por emisión de positrones (PET, por sus siglas en inglés). Ambos detectan fotones de alta energía (rayos gamma) producidos por procesos

astrofísicos violentos o, en el caso de la técnica PET, por la aniquilación de un positrón emitido por un radiofármaco introducido en el cuerpo del paciente. Los algoritmos de reconstrucción de imágenes tridimensionales utilizados en astronomía para localizar fuentes cósmicas se han adaptado para generar imágenes médicas de alta resolución de procesos metabólicos internos.

3.1.2. Validación de modelos físicos fundamentales

El universo ofrece experimentos naturales a escala que validan nuestras teorías más fundamentales. Esto ha hecho que los científicos utilicen los fenómenos cósmicos como laboratorios gigantes, donde la gravedad extrema, las energías descomunales y las condiciones únicas permiten poner a prueba ideas que no podemos recrear en la Tierra. Gracias a estas observaciones, conceptos como la relatividad, la física de partículas o la dinámica del plasma se comprueban y perfeccionan sin cesar, lo que demuestra que el cosmos es, además de nuestro lugar de origen, el mayor banco de pruebas de la ciencia.

Una de las predicciones más exitosas del modelo del Big Bang es la abundancia de elementos ligeros primordiales (hidrógeno, helio-4, deuterio, litio-7) sintetizado en los primeros minutos del universo. La cantidad presente de cada uno depende de la probabilidad de que ciertos núcleos choquen y reaccionen en condiciones de energía muy altas. La excelente concordancia entre las predicciones y las abundancias observadas en nubes de gas primitivo valida nuestra comprensión de la física nuclear en condiciones extremas. Este conocimiento es crucial para el diseño de reactores de fisión de nueva generación y para entender los procesos de desintegración radiactiva utilizados en la medicina nuclear, como radioterapia y diagnósticos por imagen, que, en definitiva, nos permiten ver mejor el interior del cuerpo.

3.2. Materia oscura y energía oscura: la frontera de lo desconocido

3.2.1. Impulsando tecnologías de detección de ultrasensibilidad

Sabemos que la materia oscura existe por sus efectos gravitatorios (por ejemplo, en la rotación de las galaxias), pero no interactúa con la materia ordinaria y, por tanto, resulta invisible y su naturaleza se convierte en uno de los mayores misterios de la física. Es una especie de andamiaje que no podemos ver, pero que sostiene el cosmos.

Para detectarla, algunos experimentos como LUX-ZEPLIN en Dakota del Sur utilizan tanques con varias toneladas de xenón líquido ultrapuro, ubicados a gran profundidad para aislarlos de la radiación cósmica. La hipótesis es que una partícula de materia oscura podría, muy raramente, chocar con un núcleo de xenón, produciendo una minúscula señal de luz y carga eléctrica. La tecnología desarrollada para estos experimentos es de vanguardia: sistemas criogénicos que mantienen el xenón a - 100 °C, niveles de pureza radiactiva extraordinarios (para reducir el «ruido de fondo»), y electrónica capaz de detectar señales individuales de fotones y electrones.

Además, el telescopio Fermi busca rayos gamma que podrían producirse si las partículas de materia oscura se aniquilaran entre sí en regiones de alta densidad, como en el centro de nuestra galaxia. Aunque no ha habido un descubrimiento concluyente, los mapas de rayos gamma de Fermi han revolucionado nuestra comprensión de otros fenómenos de alta energía, como los púlsares y los estallidos de rayos gamma.

3.2.2. El misterio de la energía oscura y el futuro de la cosmología

Ya Aristóteles, en el siglo IV a. C., dedujo que existía un quinto elemento al que denominó éter. Para él, esta quintaesencia era un elemento perfecto y eterno que llenaba el cosmos y daba forma al movimiento de los cielos. Aunque su idea no tenía base física en el sentido moderno, resulta llamativo que hoy, más de dos milenios después, los científicos se enfrenten a otro componente invisible del universo al que se asocian fundamentos similares: la materia oscura.

En 1998, dos equipos de astrónomos descubrieron que la expansión del universo se está acelerando, no frenando como se esperaba. A la causa hipotética de esto se la denominó energía oscura.

Por tanto, ¿es la energía oscura simplemente la constante cosmológica que Einstein introdujo en sus ecuaciones —una energía inherente y constante del vacío— o es algo más exótico, como un campo dinámico variable en el tiempo llamado quintaesencia? El Dark Energy Spectroscopic Instrument (DESI), instalado en un telescopio en Arizona, comenzó en 2021 un cartografiado espectroscópico de cuarenta millones de galaxias y cuásares. Su objetivo es medir la historia de la expansión cósmica con una precisión sin precedentes (del 0,1%) trazando la distribución tridimensional de la materia a lo largo del tiempo cósmico. Los primeros resultados de DESI, publicados a principios de 2024, sugieren ligeras variaciones en la tasa de expansión que, de confirmarse, podrían indicar una evolución en la energía oscura, un hallazgo que sacudiría los cimientos del modelo cosmológico estándar y abriría la puerta a una nueva física.

¿Por qué nos interesa tanto como humanos saber más sobre la energía oscura? Comprender la energía oscura es entender el destino último del cosmos. Aunque sus aplicaciones tecnológicas directas son hoy inimaginables, la historia de la ciencia muestra que, cada vez que hemos dominado un fenómeno fundamental —el electromagnetismo, la física nuclear—, se han desencadenado revoluciones tecnológicas. Dominar la naturaleza de la energía oscura podría, en un futuro lejano, tener implicaciones profundas para la propulsión espacial o nuestra comprensión de la energía del vacío.

4. INTELIGENCIA ARTIFICIAL Y FÍSICA COMPUTACIONAL: LA REVOLUCIÓN DE LOS GEMELOS DIGITALES

La unión de la física con la inteligencia artificial y la computación de alto rendimiento está transformando nuestra capacidad para modelar, predecir y optimizar sistemas complejos, creando «gemelos digitales» de la realidad.

4.1. Cómo nos ayudan: de los modelos físicos a los híbridos impulsados por datos

4.1.1. Clima y ciencias de la Tierra: más allá de los modelos tradicionales

Por un lado, los modelos de circulación general (GCM, por sus siglas en inglés) son la columna vertebral de la ciencia del clima. Son modelos basados en la física que resuelven las ecuaciones fundamentales de la fluidodinámica y la termodinámica en la atmósfera y los océanos. Son muy precisos, pero también limitados. De hecho, su limitación principal es que solo pueden trabajar con una resolución espacial bastante grande (unos cien kilómetros por píxel) y tienen un enorme coste computacional. En cambio, los modelos basados en inteligencia artificial funcionan de otra manera. En lugar de resolver ecuaciones físicas paso a paso, beben de enormes cantidades de datos del clima real. Estos modelos de aprendizaje automático (ML, por sus siglas en inglés), como FourCastNet (de NVIDIA), son modelos impulsados por datos. Entrenados con décadas de datos de reanálisis climático, aprenden los patrones evolutivos de la atmósfera. FourCastNet puede producir pronósticos globales a diez días con una resolución de 25 kilómetros por píxel, miles de veces más rápido que un GCM tradicional, lo que permite ejecutar grandes conjuntos de pronósticos para cuantificar mejor la incertidumbre.

Por el otro, la idea de crear gemelos digitales —es decir, copias virtuales dinámicas de algo que existe en el mundo real— del planeta lleva todo esto un paso más allá. La iniciativa Destination Earth de la Unión Europea, lanzada en 2022, es el proyecto más ambicioso en este campo. Su objetivo es crear para 2030 un gemelo digital de altísima fidelidad que integre modelos climáticos globales a escala de kilómetro, oceánicos de alta resolución, de la criosfera (la parte helada de la Tierra) y de impacto socioeconómico. Esto permitirá simular eventos extremos compuestos (una ola de calor seguida de sequías e incendios) y evaluar con precisión el impacto de diferentes políticas de adaptación al cambio climático a nivel regional.

Tabla 4. Comparativa de los modelos climáticos físicos frente a los de la inteligencia artificial.

Característica	Modelos Físicos (GCM)	Modelos IA (FourCastNet, etcétera)
Base conceptual	Ecuaciones Navier-Stokes, termodinámica	Redes neuronales, aprendizaje profundo
Resolución típica	50-100 km	25-50 km (mejorable)
Coste computacional	Muy alto (supercomputadoras)	Bajo una vez entrenado (GPU)
Velocidad pronóstico	Horas-días para diez días	Segundos-minutos para diez días
Fortalezas	Base física sólida, proyecciones a largo plazo	Velocidad, patrones complejos no lineales
Debilidades	Parametrizaciones aproximadas, gran coste	Caja negra, dependencia de los datos de entrenamiento

4.1.2. Economía y salud: la física de los sistemas complejos

La pandemia del COVID-19 demostró el poder de los modelos basados en agentes (ABM, por sus siglas en inglés). Estos simulan el comportamiento de millones de agentes virtuales (personas) que interactúan en un entorno realista (ciudades, transporte). Sus reglas de movimiento y contacto se basan en datos reales de movilidad. Al incorporar la dinámica del virus, estos modelos pueden predecir la propagación de una epidemia y evaluar la efectividad de medidas de contención (confinamientos, uso de mascarillas). Son una aplicación directa de la física estadística y la teoría de redes a la salud pública, tratando a la población como un sistema complejo donde emergen patrones a gran escala a partir de interacciones simples a pequeña escala.

El sistema de IA AlphaFold2, desarrollado por DeepMind (de Google), resolvió en 2020 un problema de cincuenta años de antigüedad: predecir la estructura 3D de una proteína a partir de su secuencia de aminoácidos. AlphaFold no simula las leyes de la física cuántica desde cero, lo que sería computacionalmente prohibitivo. En su lugar, entrena una red neuronal profunda con las estructuras de cientos de miles de proteínas conocidas a través de experimentos (almacenadas en el Protein Data Bank). La red «aprende» las restricciones físicas y evolutivas que gobiernan el plegamiento. En 2023, DeepMind publicó las estructuras predichas para casi todas las proteínas conocidas por la ciencia (más de doscientos millones), un recurso de incalculable valor que está acelerando de forma radical el descubrimiento de fármacos para enfermedades como la malaria, la tuberculosis y las enfermedades neurodegenerativas.

4.2. Simulamos un mundo futuro: el poder y los límites de la predicción

4.2.1. Supercomputadoras: las máquinas que hacen posible la simulación

Simular el futuro nunca ha sido un acto de adivinación, sino un desafío computacional colosal. Para recrear el comportamiento de la atmósfera, los océanos y, en definitiva, los ecosistemas, necesitamos resolver ecuaciones que describen cómo fluye el aire, cómo se mueve el calor y cómo interactúan todos los componentes del sistema terrestre. Este tipo de predicciones solo es posible gracias a supercomputadoras capaces de realizar billones de operaciones por segundo.

Las supercomputadoras modernas como Frontier (Estados Unidos, la primera en alcanzar la escala exaflop) o Fugaku (Japón) no se basan solo en CPU genéricas. Incorporan decenas de miles de GPU (unidades de procesamiento gráfico), cuya arquitectura masivamente paralela es ideal para resolver las ecuaciones de la física (Navier-Stokes) en millones de puntos de una cuadrícula de forma simultánea. MareNostrum 5 en el Barcelona Supercomputing Center (España) tiene una arquitectura heterogénea, con módulos especializados para diferentes tareas: simulación clásica, inteligencia artificial y análisis de macrodatos (*big data*).

Sin embargo, todo tiene un coste, y la computación exaescala consume una cantidad enorme de energía (por ejemplo, Frontier usa sobre veinte megavatios). La lista Green500 clasifica a los superordenadores por su eficiencia energética (operaciones por vatio). La industria investiga nuevas tecnologías para reducir esta huella, como la computación neuromórfica (que imita el bajo consumo del cerebro humano) o los ordenadores cuánticos, que prometen resolver ciertos problemas de simulación de materiales y química cuántica con un consumo radicalmente menor, aunque aún están en una fase temprana de desarrollo.

4.2.2. Los límites de la simulación: incertidumbre, caos y la importancia de la comunicación

Los sistemas complejos que modelamos (clima, economía) son inherentemente caóticos. Esto significa que pequeñas incertidumbres en las condiciones iniciales pueden amplificarse de forma exponencial con el tiempo, conllevando predicciones muy diferentes; lo que conocemos como el efecto mariposa. Este es un límite fundamental impuesto por la física misma, no por la falta de potencia de cálculo. Por ello, los modelos no predicen un futuro único, sino un abanico de posibles futuros (escenarios de ensamble). Comunicar esta incertidumbre inherente —la diferencia entre una predicción meteorológica a tres días y una proyección climática a cincuenta años— es una parte crucial y a menudo descuidada de la ciencia moderna. La física nos da el poder de modelar, pero también nos enseña humildad sobre los límites de la predictibilidad.

5. CONCLUSIONES

El recorrido realizado a lo largo de este capítulo revela un hilo conductor poderoso: los principios físicos fundamentales proveen un marco unificado y coherente para entender y gestionar nuestro hogar planetario. Desde la termodinámica que rige la eficiencia de una central eléctrica hasta la relatividad general que corrige nuestros sistemas de navegación por satélite, pasando por la mecánica cuántica que simula el plegamiento de proteínas y la física estadística que modela la propagación de una pandemia, encontramos una base común de leyes naturales invariables.

La física, por tanto, no es un conjunto abstracto de fórmulas, sino el manual de instrucciones más fundamental de la realidad. Nos permite pasar de la descripción a la predicción cuantitativa. En un mundo enfrentado a desafíos de escala global, esta capacidad predictiva es un bien de un valor incalculable. Nos hace posible evaluar escenarios, comparar estrategias y evitar intervenciones costosas y potencialmente contraproducentes basándonos en la evidencia y no solo en la intuición o el interés particular.

Sin embargo, este poder conlleva una responsabilidad ética proporcional. La capacidad de alterar el curso de un río, de intentar revertir la desertificación o de simular el clima futuro implica la obligación de actuar con precaución, transparencia y sabiduría. La física nos dice lo que es factible; pero la decisión sobre lo que es justo para la sociedad y ecológicamente prudente pertenece al ámbito de la ética, la política y la deliberación colectiva. La ciencia debe informar de este debate, no suplantarlo.

El futuro de la gestión planetaria reside en la integración de las distintas escalas exploradas en este capítulo. El horizonte lo marcan los sistemas ciberfísicos, donde los gemelos digitales se alimentan en tiempo real de flujos masivos de datos procedentes de satélites, sensores terrestres y redes de monitoreo oceánico. Este «sistema nervioso digital» para el planeta, anclado en leyes físicas, podría permitirnos una gestión adaptativa y resiliente de los recursos, una respuesta rápida a desastres naturales y una transición energética optimizada.

En última instancia, entender nuestro hogar a través de la física es el primer y más crucial paso para convertirnos en administradores responsables y no meros habitantes accidentales de la Tierra. Es la aplicación del conocimiento más profundo para asegurar la supervivencia y florecimiento de la civilización en el frágil y único oasis que, por ahora, llamamos hogar.

V

EPÍLOGO:
UN NUEVO PACTO
CON LAS LEYES
DEL UNIVERSO

1. INTRODUCCIÓN: LA ELECCIÓN MÁS RADICAL ES QUEDARSE Y REINVENTARNOS

Al iniciar este viaje, contemplábamos la inmensidad del cosmos y la fragilidad de nuestro punto azul pálido. La narrativa de la huida hacia otros mundos ejercía una poderosa atracción, alimentada por siglos de ciencia ficción. Sin embargo, este recorrido por los principios de la física nos ha llevado a una conclusión contraria a la intuición y, por ello, más profunda: la empresa más audaz, arriesgada y magnífica que podemos emprender no es escapar de la Tierra, sino reinventar nuestra presencia en ella de acuerdo con las leyes que gobiernan la realidad en la que vivimos.

Este no es un simple «arreglo» técnico o un lavado verde superficial. Es un cambio de paradigma civilizatorio que implica reestructurar nuestros sistemas energéticos, productivos y económicos desde sus cimientos. Un cambio que debe estar basado no en la voluntad política volátil o en ideologías trasnochadas, sino en la roca firme de las leyes naturales inmutables. Esto es lo fundamental de nuestro nuevo pacto: ya no es con una naturaleza romantizada, sino con las reglas fundamentales del universo que hacen posible la vida, la materia y la energía. Un pacto que reconoce que nuestra supervivencia y prosperidad a largo plazo dependen de nuestra capacidad para alinearnos con estas leyes, no de intentar dominarlas mediante la fuerza bruta.

2. EL HILO CONDUCTOR DE LA FÍSICA APLICADA AL REDISEÑO CIVILIZATORIO

Recapitular no es solo listar logros tecnológicos, sino mostrar la conexión entre soluciones en apariencia dispares, revelando un principio unificador: la aplicación inteligente de la física para optimizar los flujos de energía y materia en un sistema finito. El denominador común ha sido la eficiencia termodinámica y el pensamiento sistémico.

2.1. La revolución de la eficiencia: del derroche entrópico a la optimización cuántica

El primer gran eje ha sido la obsesión por la eficiencia, por acercarnos a los límites teóricos que la física impone. Hemos transitado de un modelo extractivo basado en la abundancia ilusoria a uno regenerativo apoyado en la precisión. Veamos cómo ha cambiado nuestro enfoque en cada uno de los desafíos que se nos han presentado:

- **El agua y el imperativo de vencer la ósmosis.** Partimos de una estadística brutal: solo el 0,5 % del agua del planeta es fácilmente accesible para uso humano. La desalinización dejó de ser una opción novedosa para convertirse en una necesidad estratégica. Pero la clave de su evolución no residía solo en la tecnología, sino en su búsqueda implacable de la eficiencia termodinámica. Comprender la presión osmótica no fue un mero ejercicio académico; fue el primer paso para cuantificar el coste energético mínimo de separar la sal del agua. Hemos sido testigos de una trayectoria reveladora: desde los 10-16 kWh/m³ de la destilación térmica, pasando por los 3-4 kWh/m³ de la ósmosis inversa convencional, hasta vislumbrar un futuro con membranas de grafeno que nos acerquen al límite termodinámico irreductible de 1,06 kWh/m³.

  Esta trayectoria en vez de lineal es exponencial, impulsada por avances en la ciencia de materiales fundamentales. Nos enseña que la innovación verdadera no reside en crear algo de la nada, sino en acercarse asintóticamente a la perfección permitida por las leyes del universo. Cada decimal recortado en el consumo energético representa una victoria de la inteligencia sobre la inercia, un paso hacia la sostenibilidad real.

- **Los alimentos y la física de los fotones.** La agricultura tradicional es, desde una perspectiva física, un sistema de conversión de energía ineficiente. La mayor parte de la inmensa energía solar que incide sobre un campo se pierde como calor reflejado, se disipa en el calentamiento del aire o es capturada por especies no deseadas. Las granjas verticales representan un salto cuántico al tomar el control absoluto de las variables físicas. No se trata de apilar plantas, sino de aplicar la **fotobiología** para emitir solo los fotones útiles (longitudes de onda rojas y azules), para optimizar así la ecuación fotosintética hasta sus límites teóricos. Es la diferencia conceptual entre escuchar una radio con interferencias y una transmisión de audio de alta fidelidad.

La afirmación de que estas granjas pueden ser hasta trescientas noventa veces más productivas por metro cuadrado que un campo tradicional no es una hipérbole, sino la consecuencia lógica de sustituir la imprevisibilidad del sol, el suelo y el clima por la precisión de un laboratorio biológico. La termodinámica del control ambiental —la gestión del calor residual de los ledes, la recuperación de agua mediante condensación y el enriquecimiento carbónico— cierra el círculo, demostrándonos que la autosuficiencia alimentaria en los entornos urbanos es, ante todo, un problema de ingeniería de sistemas, no de suerte climatológica o de disponibilidad de tierra fértil.

Tabla 5. De la ineficiencia lineal a la optimización circular.

Sistema tradicional	Principio físico vulnerado o ignorado	Solución tecnológica propuesta	Principio físico aplicado inteligentemente	Impacto medible y lección fundamental
Agricultura extensiva	Baja eficiencia fotosintética (< 1%). Alta entropía (erosión, pérdida de nutrientes, pesticidas).	Agricultura vertical de ambiente controlado (AVAC).	Fotobiología de precisión, termodinámica de sistemas cerrados, hidroponía/aeroponía.	Hasta 390 veces más productiva por m², 95 % menos agua, cero pesticidas. La comida puede ser un producto de diseño de alta eficiencia, liberando tierra para la restauración de ecosistemas.
Gestión lineal del agua	Sobreexplotación de acuíferos, contaminación de fuentes, vulnerabilidad climática.	Desalinización optimizada + Nanofiltración + Reúso.	Ósmosis inversa cercana al límite termodinámico, remediación con nanopartículas (nZVI).	Potencial de acceso ilimitado a agua potable. El ciclo del agua puede ser gestionado técnicamente, pero con un coste energético que exige fuentes limpias y abundantes.
Economía «extraer - usar - tirar»	Violación práctica de la conservación de la masa, aumento acelerado de la entropía (residuos, contaminación).	Economía circular + materiales avanzados + nanotecnología.	Diseño para la reutilización y el desensamblaje, lucha contra la entropía mediante la aplicación de energía e información (neguentropía).	El «residuo» es un error de diseño. La naturaleza no tiene vertederos; nuestro modelo industrial debe imitar este principio.

Sistema tradicional	Principio físico vulnerado o ignorado	Solución tecnológica propuesta	Principio físico aplicado inteligentemente	Impacto medible y lección fundamental
Energía basada en combustibles fósiles	Liberación masiva y acelerada de carbono almacenado, alteración del balance energético del planeta.	Energías renovables + almacenamiento + fusión nuclear.	Conversión directa de flujos energéticos (solar, eólica), dominio de la física del plasma (ley de Lorentz).	Necesidad de una fuente base libre de carbono. La fusión representa la culminación del entendimiento de las fuerzas fundamentales del universo para la generación de energía.

2.2. El cambio de paradigma fundamental: la iluminación de la analogía de la pecera

El segundo gran eje, y quizá el más importante en lo conceptual, es el cambio de mentalidad de un modelo lineal (que va de la cuna a la tumba) a uno circular (de la cuna a la cuna). La analogía de la pecera no era una mera metáfora poética, constituía un modelo físico preciso y elegante. Un ecosistema cerrado nos enseña la lección más crucial para una civilización planetaria: en un sistema finito, los *outputs* de un proceso deben convertirse en los *inputs* de otro. Esto, trasladado a la escala de nuestra civilización, choca frontalmente con dos leyes físicas ineludibles:

- **La ley de conservación de la masa (Lavoisier):** «Nada se crea, nada se destruye, todo se transforma». Aquello que etiquetamos como «desecho» —los microplásticos en los océanos, el dióxido de carbono en la atmósfera, los metales pesados en los vertederos— sigue existiendo en alguna parte del sistema, causando disrupciones. La economía circular es, en esencia, la aceptación técnica y práctica de esta ley. Es el reconocimiento de que debemos diseñar sistemas donde las transformaciones sean beneficiosas o, al menos, neutras.
- **La segunda ley de la termodinámica (ley de la entropía).** Es la ley que se opone a la circularidad perfecta. Establece que en un sistema aislado, el desorden (entropía) aumenta. Reciclar un producto siempre requerirá un aporte de energía adicional para volver a ordenar los materiales. Por eso, la jerarquía de la economía circular no es caprichosa, sino termodinámicamente sensata y se basa en reducir (minimizar la entrada de energía y materia nueva), reutilizar (la opción más neguentrópica, que preserva el orden del producto), reciclar (proceso energéticamente costoso pero necesario para recuperar materiales) y, como último recurso, recuperar energía.

La nanotecnología (nanopartículas nZVI para descontaminación, MOF para captura de dióxido de carbono) emerge aquí como una herramienta de «reciclaje de alta fidelidad». La nanotecnología opera a escala molecular, permitiendo una precisión quirúrgica para desensamblar contaminantes o capturar moléculas específicas, algo que los métodos tradicionales de reciclaje mecánico o químico no pueden lograr. Es la aplicación de la física a nanoescala para resolver problemas creados a macroescala.

2.3. La escala y el contexto cósmico: de la ingeniería de presas a los misterios de la energía oscura

No podemos pretender entender y gestionar nuestro hogar sin cambiar constantemente de perspectiva, desde lo local y tangible hasta lo global y cósmico.

- **La física aplicada a la geografía.** La física de una represa como las Tres Gargantas es, en el fondo, la aplicación de la fórmula de la presión hidrostática ($P = \rho g h$) a una escala geológica. La gestión de una red eléctrica continental es un ballet en tiempo real que debe mantener en todo momento el equilibrio instantáneo entre generación y consumo, un principio de conservación de la energía aplicado a una infraestructura que es la columna vertebral de la civilización moderna. Estos proyectos demuestran que hemos desarrollado la capacidad de alterar flujos planetarios de manera consciente. El reactor de fusión ITER lleva este principio al extremo, pues es el intento más ambicioso de la humanidad de recrear la física del Sol en la Tierra, un proyecto que trasciende lo puramente ingenieril para convertirse en una misión científica de la especie, una apuesta por nuestro futuro energético.

- **El universo como laboratorio.** Comprender la naturaleza de la materia y energía oscura —que constituyen el 95 % del contenido energético del universo— no es un lujo intelectual o una curiosidad abstracta. Es fundamental para contestar preguntas últimas sobre el destino del cosmos. ¿Se expandirá para siempre hasta un Big Freeze? ¿Colapsará en un Big Crunch? La respuesta a estas preguntas define el contexto cósmico en el que existe la vida. La cosmología nos recuerda que nuestro «hogar» es, en realidad, todo el universo observable, y que las mismas leyes físicas que gobiernan la caída de una manzana o la fusión en el ITER son las que rigen el movimiento de las galaxias. Esta perspectiva nos brinda una humildad necesaria y nos sitúa en nuestro lugar exacto en el cosmos.

2.4. El sistema nervioso del planeta: la inteligencia artificial y la física computacional

Un tema que cruzó transversalmente todos los capítulos fue el uso creciente de la inteligencia artificial y las supercomputadoras. Estas herramientas no son soluciones por sí mismas, sino el sistema nervioso central de nuestra nave espacial: la Tierra. Nos permiten crear gemelos digitales del planeta —modelos climáticos de altísima resolución, simulaciones de redes eléctricas con alta penetración de renovables, diseños de nuevos materiales mediante dinámica molecular—. La física computacional es el puente indispensable entre la teoría fundamental y la aplicación a gran escala que nos permite probar miles de escenarios, optimizar diseños y predecir consecuencias sin correr riesgos irreversibles en el mundo real. Es la materialización de la previsión inteligente.

3. LA FÍSICA QUE NOS SALVARÁ: UN PLAN DE ACCIÓN BASADO EN LA EVIDENCIA PARA EL SIGLO XXI

La comprensión más profunda es estéril sin una hoja de ruta para la acción. Pero esta debe ser tan inteligente, rigurosa y sistemática como el diagnóstico. Pero se trata de priorizar e implementar «lo correcto», respaldado por la evidencia científica y una comprensión clara de las interdependencias.

3.1. Prioridad cero: la transición energética como habilitador universal de todas las demás soluciones

Este es el punto de partida ineludible. Todas las soluciones técnicas presentadas —desalinización, agricultura vertical, reciclaje avanzado— son voraces consumidoras de energía. Una economía circular impulsada por carbón o gas natural es una contradicción lógica y un callejón sin salida termodinámico. Por tanto, la acción más crítica y urgente es ejecutar una transición energética masiva, rápida e inteligente.

Así pues, la respuesta está en masificar las energías renovables con una visión sistémica y no aislada. El desafío no es solo instalar millones de paneles solares y aerogeneradores. El verdadero reto es rediseñar por completo la arquitectura de la red eléctrica para gestionar la intermitencia y la variabilidad inherentes a estas fuentes. Esto implica un enfoque multicapas:

- **Desarrollo de almacenamiento a gran escala** (*grid-scale*): Es la pieza clave. Debemos impulsar tecnologías como el bombeo hidroeléctrico reversible, las baterías de flujo rédox (más adecuadas para almacenamiento de larga duración), el almacenamiento de aire comprimido en cavernas subterráneas (CAES) y el térmico en sales fundidas. La física del depósito de energía es tan crucial para el siglo XXI como lo fue la física de la generación para el XX.

- **Despliegue de redes inteligentes** (*smart grids*): utilizar la inteligencia artificial y el internet de las cosas para crear una red que pueda predecir la generación renovable y la demanda con horas de antelación, gestionando de forma activa y automática la carga de electrodomésticos, vehículos eléctricos (tecnología Vehicle-to-Grid o V2G) y procesos industriales. Se trata de crear una red flexible, resiliente y descentralizada.

- **Geografía de la energía**: La intermitencia de la solar y la eólica se mitifica interconectando regiones con recursos complementarios. La energía solar del sur de Europa puede compensar la falta de viento en el norte, y viceversa. Esto requiere interconexiones eléctricas de alta capacidad entre países y continentes, transformando la red en un sistema continental integrado.

3.2. El ITER, el faro de la razón colectiva

El ITER trasciende con creces su identidad como un mero experimento de física o una obra de ingeniería colosal. Se erige, ante todo, como el símbolo más potente y tangible de la madurez potencial de nuestra civilización. En un panorama global con frecuencia fracturado por conflictos, nacionalismos cortoplacistas y la tentación del retroceso intelectual, este proyecto constituye un testimonio monumental de lo que la humanidad puede lograr cuando une su talento, recursos y voluntad en torno a un objetivo común y trascendente.

Su verdadero valor no se mide únicamente en los megavatios que pueda generar o en la validación de las ecuaciones físicas, sino en la demostración de una capacidad que es esencial para nuestro futuro: la de pensar y actuar en escalas de tiempo civilizatorias. La fusión nuclear es el antídoto físico y filosófico contra la cultura del «usar y tirar» aplicada a la energía y al planeta. Nos enseña que los desafíos más profundos no se resuelven con soluciones rápidas, sino con un compromiso persistente, guiado por la brújula de la evidencia científica y una visión de futuro que se niega a ser prisionera del presente.

Por ello, el compromiso con el ITER y la fusión es mucho más que una apuesta tecnológica; es una declaración de principios sobre el tipo de futuro que aspiramos a construir. Constituye la elección consciente de un camino de abundancia energética limpia y segura, sobre uno de escasez gestionada y riesgo geopolítico. Es la elección de la inteligencia colaborativa sobre la explotación depredadora. Es, en última instancia, la materialización del nuevo pacto del que hemos hablado: la decisión de que nuestra especie no solo habite el planeta, sino que aprenda, por fin, a convivir en armonía con las leyes fundamentales que lo gobiernan, utilizando el conocimiento supremo de la física para encender una estrella en la Tierra e iluminar con ella un futuro próspero y sostenible para todas las generaciones venideras. El ITER es el faro que nos guía hacia ese futuro, y su luz, aunque aún en proceso de encenderse, es ya la prueba de que otro mañana es posible.

3.3. Implementar la economía circular mediante políticas que internalicen el coste real de la entropía

La economía circular no despegará de forma significativa solo por la conciencia ambiental de individuos o empresas. Necesita un marco regulatorio y económico robusto que haga que la opción circular sea más rentable y sencilla que la lineal. Por tanto, ¿qué se requiere para que esto sea una realidad?

- Implementar impuestos progresivos y significativos sobre el vertido de residuos en vertederos e incineradoras. Este impuesto debe reflejar el coste real y completo (ambiental, social y sanitario) de la contaminación y el agotamiento de recursos. Esto crearía un poderoso incentivo económico para que las empresas rediseñen sus productos (ecodiseño) desde su concepción para que sean fácilmente reparables, desensamblables y reciclables.
- Legislar para obligar a los fabricantes a proporcionar manuales de reparación, herramientas especializadas, piezas de repuesto y software de diagnóstico a precios razonables durante un periodo mínimo garantizado (por ejemplo, diez años). Luchar contra la obsolescencia programada es, en esencia, hacerlo contra la entropía económica planificada.
- Los gobiernos deben destinar fondos sustanciales a la investigación en materiales autorreparables (polímeros y composites que cicatricen solos) y en tecnologías de nanorremediación. La descontaminación de acuíferos y suelos mediante nanopartículas de hierro cero-valente (nZVI) debería ser una prioridad de salud pública a escala global, para limpiar el legado tóxico de la era industrial.

3.4. Renaturalizar el planeta: liberar tierra mediante la intensificación tecnológica inteligente

La tecnología no debe verse como una fuerza antagónica a la naturaleza, sino como su mayor aliada potencial. La agricultura de precisión, la carne cultivada en laboratorio y la economía circular tienen el potencial de reducir drásticamente la superficie terrestre y marina dedicada a la producción de recursos.

La visión «Half-Earth» de E. O. Wilson establece un objetivo ambicioso pero necesario para este siglo: devolver a la naturaleza al menos el 50 % de la superficie terrestre y marina del planeta. Este espacio es crucial para permitir la conservación de la biodiversidad, la resiliencia de los ecosistemas y la estabilidad de los ciclos biogeoquímicos globales. Esta meta solo es alcanzable si intensificamos y optimizamos la producción de alimentos, energía y materiales en el otro 50 %, utilizando las tecnologías de alta eficiencia que hemos descrito.

4. REFLEXIÓN FINAL: LA BRÚJULA EN LA TORMENTA

Llegamos al final de nuestra exploración no con una certeza dogmática, sino con un marco robusto para navegar la profunda incertidumbre del siglo XXI. La ciencia, y la física en particular, no nos ofrece un mapa detallado del futuro —esa sería una pretensión arrogante—, sino algo mucho más valioso: una brújula confiable, cuya aguja apunta siempre hacia el norte de la evidencia, la lógica y las leyes naturales.

4.1. El poder de los sueños ambiciosos (y fundados en la realidad)

Proyectos como el ITER, la misión de capturar dióxido de carbono atmosférico a gran escala o la visión de una economía circular completa son los equivalentes modernos de las catedrales medievales o del programa Apolo. Son emprendimientos que trascienden una generación, que requieren fe en el progreso, paciencia colectiva y una confianza inquebrantable en el poder de la razón y la colaboración. Soñar con la fusión nuclear no es evadir la realidad, se trata de la aplicación del más puro realismo físico a un problema de escala civilizatoria. Estos sueños ambiciosos, anclados en el método científico y no en la fantasía, son los que nos definen como especie. ¿Somos la especie que mira al horizonte de décadas o siglos y moviliza sus recursos colectivos para alcanzar un objetivo casi imposible? La respuesta a esa pregunta, que se está escribiendo ahora mismo, definirá el legado del siglo XXI.

4.2. Navegando en un mar de opiniones

En una era de posverdad, donde los algoritmos amplifican la desinformación y las opiniones se disfrazan de hechos, la brújula de la ciencia es nuestro bien más preciado. Es nuestra ancla frente a la tormenta.

Un modelo climático, una reacción de fusión nuclear o la eficiencia de un panel solar funcionan exactamente igual con independencia de si creemos en ellos, de nuestra ideología política o de nuestra identidad cultural. La evidencia es el terreno común, el campo de juego neutral donde las ideas deben demostrar su validez. La física nos ha enseñado, una y otra vez, que somos una parte ínfima de un sistema mucho más grande. El hecho de que el 95 % del universo esté compuesto por materia y energía oscuras, de cuya naturaleza solo tenemos conjeturas, es un recordatorio poderoso de nuestra ignorancia. Esta humildad intelectual es un antídoto necesario contra la arrogancia que nos llevó a pensar que podíamos explotar el planeta sin consecuencias.

A esto se suma que las leyes de la termodinámica, de la gravitación y del electromagnetismo son las mismas en todos los países, para todas las personas. La ciencia ofrece una base neutral y universal para la colaboración internacional que los desafíos planetarios —cambio climático, pandemias, gestión de los océanos— exigen de forma perentoria. El ITER, en el que colaboran treinta y cinco países, es el ejemplo de lo que la humanidad puede lograr cuando deja de lado las diferencias y se une en torno a un objetivo científico común.

4.3. El nuevo pacto: una alianza con la realidad física

Nuestro pacto, por tanto, es con la realidad misma, y este reconoce de una vez por todas que:

- No podemos violar la ley de conservación de la masa sin crear montañas de residuos y contaminación.
- No podemos quebrantar la segunda ley de la termodinámica sin un coste energético cada vez mayor.
- No podemos ignorar la física del clima y esperar que la estabilidad del Holoceno perdure por arte de magia.

- No podemos depender de fuentes de energía finitas y sucias sin alterar el balance energético del planeta.

Este nuevo pacto exige de nosotros, como individuos y como colectividad, una serie de compromisos:

- Adoptar la curiosidad, el pensamiento crítico y el escepticismo saludable como valores cívicos fundamentales. El resultado sería demandar evidencia, no retórica.
- Enseñar no solo un corpus de conocimientos, sino el método científico como la herramienta más poderosa jamás desarrollada para discernir la verdad de la falsedad. Esto implica fomentar la pregunta sobre la memorización.
- Tener la valentía y la integridad de tomar decisiones difíciles basadas en la evidencia científica, aunque sean impopulares a corto plazo. Conlleva priorizar el largo plazo sobre el ciclo electoral.
- Los científicos deben salir de su torre de marfil y comunicar su trabajo con claridad, pasión y transparencia. Para ello, deben participar activamente en el debate público, explicando no solo lo que saben, sino también lo que ignoran.

4.4. Nuestro hogar es un conjunto de leyes, no solo un planeta

Al final de este viaje, debemos concluir que nuestro hogar no es solo la delgada y frágil capa de biosfera que recubre la Tierra. Nuestro hogar es, en un sentido más profundo y perdurable, el conjunto de leyes físicas que hicieron posible que esa biosfera emergiera de la materia inerte y que nosotros, una especie consciente, pudiéramos evolucionar para comprenderlas. La crisis existencial a la que nos enfrentamos no es, en su raíz, política o económica. Es una crisis de incomprensión y de desalineación con esas leyes fundamentales.

El mensaje final de este libro es, por tanto, uno de esperanza activa. No se trata de esperar un milagro o una solución tecnomágica, sino de confiar en la capacidad de la humanidad para aprender, para innovar, para adaptarse y para corregir su rumbo. Tenemos las herramientas y el conocimiento. La física, nuestra brújula más confiable, nos señala el camino con claridad meridiana.

Ahora nos toca a nosotros, la tripulación consciente de esa nave espacial que es la Tierra, demostrar que tenemos la sabiduría, la valentía y la voluntad colectiva para seguir esa dirección. El futuro no está predeterminado. Será el resultado de las decisiones que tomemos hoy, guiados por la luz más fiable que hemos descubierto: la de la ciencia. El nuevo pacto no es con un planeta, es con el universo y sus leyes inmutables. Y es el único pacto que podemos esperar que perdure.

CRÉDITOS
DE LAS IMÁGENES

Figura 1: Dreams Photography, CC BY 3.0 <https://creative commons.org/licenses/by/3.0>, Wikimedia Commons.

Figura 2: NASA/WMAP Science Team, traducción al español de Luis Fernández García. Dominio público, Wikimedia Commons.

Figura 3: ESA and the Planck Collaboration, CC BY 4.0 <https://creativecommons.org/licenses/by/4.0>, Wikimedia Commons.

Figura 4: Creada por los autores.

Figura 5: PMRonchi, CC BY-SA 4.0 <https://creativecom mons.org/licenses/by-sa/4.0>, Wikimedia Commons.

Figura 6: brgfx / Freepik.

Figura 7: NASA/JPL-Caltech, dominio público, Wikimedia Commons.

Figura 8: Creada por los autores.

Figura 9: NASA Earth Observatory, dominio público, Wikimedia Commons.

«Para viajar lejos no hay mejor nave que un libro».
EMILY DICKINSON

Gracias por leer este libro.

En **penguinlibros.club** encontrarás las mejores
recomendaciones de lectura.

Únete a nuestra comunidad y viaja con nosotros.

penguinlibros.club